自動車の走行性能と構造

開発者が語るチューニングの基礎

工学博士　堀 重之

グランプリ出版

車の開発に携わる技術者には是非、読んで頂きたい価値ある書

日本車の走行性能は1980年代以降飛躍的な向上を遂げている。しかし欧州メーカーの向上も大きく、必ずしもその水準に達しているとは言い難い面がある。それは、シャシー剛性に起因するところが大きい。

1970年代以前の走行性能開発は、高速でふらつく、ブレーキを踏むと向きが変わるなど、挙動の大きな現象の改善に主眼が置かれていた。これらは計測器で測れる現象であり、ある意味、計測器と計算で開発を進めることが出来た。1980年代以降、計測器で測定困難な「感覚性能」の向上が開発の主テーマとなってきている。“安心感ある走行性能”、“長距離でも疲れない走行性能”、“運転が楽しい走行性能”、こういった人の感覚に繋がる性能開発である。人の検知能力は極めて優れていて、ハンドル手応えの微妙な変化や、極めて小さな時間差などを感じ取る事が出来る。まさに皮膚感覚や1/1000秒の動きを人の感覚に合わせて造り込んでいく開発なのである。

これらの感覚性能にシャシー剛性が大きく関与することは多くが認知するところとなってきている。

「シャシー剛性」に明確な定義はないが、サスペンション、ホイール、車体、エンジンマウントなど、走行性能に関するクルマ全体の剛性と考えて欲しい。このシャシー剛性と感覚性能の関係を解き明かす研究は多くなされているが、計測の難しさから十分に体系化できていない。従って、車の開発に際しては、感性の鋭いテストドライバーを一種の“計測器”として活用し、このドライバーと対話型で進めている。

本書は、このシャシー剛性と感覚性能を解説した初めての書である。車の開発を通

して得られた多くの改善事例や、特に性能影響の大きい車体剛性に関してはそのメカニズムも紹介されており、車の開発に携わる技術者には是非、読んで頂きたい価値ある書である。

「自分自身で車を改造してボデー剛性を変化させ、車の評価を何度も行ったが、その走行性能は生き物のように変化し、その変わりように驚いたり感激したものである」。本書のくだりであるが、レオナルド・ダ・ヴィンチが鳥の羽ばたきを観察し、空を飛ぶ原理を考えたように、これはDescriptive science（記述的科学）と呼ばれるものであるが、実際の現象を詳細に観察しながら原理を探求していく姿勢に著者の技術者としての探究心の強さを感じる。

拙著『車両運動性能とシャシーメカニズム』（グランプリ出版）を執筆・刊行以来、多くの方にご覧いただき、走行性能の理論に関する書籍として現在でも多くの方に活用していただいているが、これを理論書とするなら、本書は実践編として活用いただける貴重な書である。

これらが日本の自動車の走行性能の更なる進化に貢献できれば幸せである。

元日産自動車エンジニア
『車両運動性能とシャシーメカニズム』著者　宇野高明

目次

第1章
はじめに

安全性の本当に高い自動車とはどんな車だろうか?

自動車メーカーからは安全性の高い自動車とは「衝突試験を高得点でクリアー」、「多数のエアバッグを装備して衝突時の安全を確保するパッシブセーフティー」、「ブレーキを高効率で作動させ最短距離で静止できるABSや緊急時に自動でスピードとブレーキをコントロールできる横滑り防止システムを装備したアクティブセーフティー」、「レーザーレーダーを用いた自動ブレーキシステム」などのイメージが作り込まれ発信されている。もちろん全てを保有していた方が安全ではあるが、これらのシステムを装備していれば本当に安全な車と言えるのであろうか。答えは否である。というのは、これらは運転中のドライバーにとって、衝突後か衝突直前の危険な状態になった時の処理で、大きなくくりで考えると全てパッシブセーフティーに属すると言える。人間は注意が散漫になると、運転ミスを犯し危険なシーンに遭遇したり事故を起こしたりするが、運転の疲労がこの大きな原因と考えられる。すなわち運転がしやすく、疲労やストレスが少なく、注意力が散漫にならないアクティブセーフティーを備えた車こそ本当に安全な車と言える。本書はその技術の内容について紹介を試みたい。

自動車の走行条件は世界各国ずいぶん異なると一般的に言われており、海外に行けばそれを十分実感できると思う。著者は米国、欧州、日本、台湾、中国の道路等を走行して調査したが、それらの国と比較しただけでも日本の道路事情や走行条件が世界の中では特異なことが理解できた。日本の道路は常に修繕されているため大変良く非常にフラットな表面で、また自動車の平均スピードが遅いことに特徴がある。この一つの原因は欧州や米国と比較して道路量が少なく、道路単位面積あたりの予算が大きいためではないかと考えられる。1月、2月になると日本各地で道路工事が盛んになり、外国では修理するなど考えられないようなきれいな道路が掘り返され、舗装し直されている。駐在員にでもならないと外国で頻繁に運転する機会は少ないが、一般の海外旅行者でもタクシーに乗ったり、自分の足で歩いたりして道路を眺めると、欧州や米国の道路はずいぶん荒れていることが解る。外国ではアスファルト道路の修理といえば舗装のクラックを埋める程度で、よほど凹凸が大きくならないとアスファルトの貼り替えは行なわないようである。日本の場合は非常にフラットな面の道路を、速いドライバーは一般道路で約70km／h、高速道路で約120km／hでの走行が想定されるが、ドイツでは荒れた一般道路を100km／h、高速道路では150～180km／hの高速で走行することが日常行なわれている。制限速度がそれほど高くないと言われるイギリス、フランス、スペイン、イタリアでも実際に運転してみると、高速道路で150km／h以上で走行する車も大変多いし、イタリアやスペインでは警察さえいなければ200km／hで高速道路を長距離運転することもある。警察の取締りが厳しいと言われている米国でも、130～140km／h以上の速度で高速道路を走行する車も多い。道が荒れていて凹凸が多く、走行速度が高いと車への入力が大きく、おのずと欧州、米国、日本の道路を走る車の走行性能に対する要求や構造が異なることになる。よく「道路が車を作る」と言われることが、まさにその通りだと思う。

自動車メーカー在籍時代に、欧州で数種類の車をテストドライブする機会があった。早朝にブリュッセルを出発してニースまで約1100kmの距離の高速道路を150～160km／hの平均速度で何人かで交代で運転し続け、夕方目的地に到着して宿泊し、次の日ニースから復路をブリュッセルまで高速で走るという行程で、著者は欧州での運転歴も浅かったので必死で速度を上げてベテランドライバーに追従したものである。

ブリュッセルからニースへの往路は、様々な車に乗れるので参加者全員が興味本位で乗り換えを頻繁におこなったが、ニースからの帰りは、さすがに疲れているので走って楽な車、疲れない車が好まれ、ポルシェに最も人気が集中した。日本でポルシェというとスポーツカーやステータスシンボルというイメージがあり、確かにその魅力もあるが、高速で長距離運転をしようとすると、疲労やストレスが少なく自然と乗りたくなるような車ということができる。また、スペインの高速道路において、200km／hでドイツ車と日本車で追従走行しようとしたことがあったが、使用した日本車は安定性が悪く運転に不安を感じたため全くドイツ車に追従することができなかった。

決して欧州車の宣伝や広報をしている訳ではなく、このような疲労感やストレス、安定性そして走行性能の差がなぜ発生するのか、原理は何か、またどのような考え方で車両を改良すれば良いのか、その糸口やヒントを紹介でき、日本だけでなく世界各国の車の改良が進み性能が向上して、その全ての車の安全性がどんどん向上すれば幸いと考え説明する次第である。もちろん日本でも既に欧州車同等の優れた走行性能の車を開発し製造販売している自動車メーカーも実在する。

走行性能には、車の加速度を発生するエンジン出力に関する動力性能と、ステアリングを操作した時の車の動きや安定性に関する運動性能が存在するが、本書では主に運動性能に関して論じる。

第2章

車両走行性能と人間の感覚

人間は、本能に左右される「野性」と、知識に左右される「理性」という両面を持ち備えているが、物事を判断する時、この2つで割り切れるものではなく、その両者の中間の「感性」という言葉で表される感覚も持ちあわせている。

人が車を購入する時は、野性の感覚と理性の知識が融合され、両方の要素が絡み合い、迷いながら判断することになる。車両燃費や価格は理性、スタイリングは本能で感じ取り、総合判断の結果、購入の決定をすることになる。

それに対し、走行性能はアクセルの踏み込みに対する加速度に興奮したり、ステアリング操作に対する旋回時の気持ちの良い横加速度感を楽しむなど、理性と野性が絡み合った感性の世界と言える。ドライバーの性格や運転経験によって理性と野性の割合が異なって、一人一人意見や表現が異なりなかなか定義付けられない複雑で面白い世界でもある。これが感性である。

車は高価なものなので、一般的には自分の車1台を運転することが多く、他車との比較による走行性能の違いを経験する機会が少ないことや、前述のように日本では道路事情が良すぎるため違いが解りにくいとも言える。欧州車は一般的に日本車より優れた走行性能を持っており、今までは高価で販売台数が少ない時代から、かつてより購入しやすい価格となり、さらにその真の良さが知られ日本でも販売台数が増加しどんどん見かける時代になっている。

車を運転した時の感覚を言葉に表そうとすると、様々な表現となる。良い走行性能の代表的な言葉として「安定性がある」、「安心感がある」、「しっかりしている」、「タイヤが路面に吸い付いて走る」、「正確に曲がる」、「意のままに曲がる」、「操舵する時ダイレクト感がある」、「路面をタイヤがとらえている」などがあげられる。それらを総括し走行性能を区別すると、一般的に次の言葉で代表できる。

(1)ステアリングフィール
(2)安定性
(3)乗り心地

(1)ステアリングフィールとは、ステアリングを回し操舵した時、車がどのように動くかという人間の感覚で、良い車ほどステアリングを操舵した時、ドライバーの意思通り正確に車が動き、自由自在に操れる感覚を楽しむことができる。

意のままに車を操れることは楽しく、ストレスが少なく精神的疲労が大きくならないこと、また、車の無駄な動きが少なくなるため、肉体的疲労も減少して、運転者の注意力が高く維持されることにより安全に走行することができる。そして意のままに車を操れる反応の良い車は衝突の危険が迫った時、緊急回避の性能が良い車で、当然安全性の高い車と言える。表現として以下の言葉があげられる。

「正確に曲がる」
「意のままに曲がる」
「ダイレクト感がある」
「タイヤが路面をとらえている」

(2)安定性とは、どんな道路でも車を運転していてふらふらせず、高速道路でまっすぐ走る時ステアリングの修正操舵の必要性が少ないことの性能を言い、この性能が劣ると車がふらふらし、乗員は体勢をを保つため筋肉の緊張が大きくなり肉体的な疲労が増加することや、修正操舵が多いと神経をすり減らすストレスが発生し、精神的な疲労が大きくなる。したがって、走行中ふらふらせず安定性が良い車ほど安全な車と言える。表現として以下の言葉があげられる。

「安定性がある」

「安心感がある」

「しっかりしている」

「タイヤが路面に吸い付いて走る」

(3)乗り心地とは、車の上下、左右の振動に対する人間の感覚で、振動が大きいと人間が揺り動かされ、筋肉の緊張が大きくなり肉体的な疲労が大きくなって注意力散漫となり、安全性に影響を与えることになる。

表現として以下の言葉があげられる。

「揺れない」

「ショックがあるがすぐに収まり、揺れ戻しのない乗り心地」

「高級感があり、質感の高い乗り心地」

(3)の乗り心地は車を振動計などで測定すると、ある程度人間の感覚と一致し、客観的に良し悪しを判定できる。しかし(1)のステアリングフィールと(2)の安定性については様々な研究が行なわれているが、人間の感覚を客観的に表す良い測定方法が見つかっていない。

(1)(2)の感覚は人間の車への操作と、操作に伴う車の横加速度により体が動かされようとすることに対して、姿勢が崩れないようにする姿勢反射との関係により発生すると考えられる。姿勢反射は筋肉を緊張させて姿勢を保とうとする動きであるが、その起因となる信号は、三半規管で回転、耳石で加速度を感知して得られる情報、目から入る視覚情報、筋肉自体がセンサーとして働く深層知覚情報などである[(1)]。これらの感覚器官がセンシングしている情報を取り出せれば、走行性能全体を表現する手段になるが、その方法は現在存在しない。人間の加速度検知能力は大変優れており、走行性能のセンサーとして人間の右に出る計測装置はなく、結果として開発者自身が運転しながら走行性能の良悪を感じとって改良方法を見つけていく方法しか見当たらない。

ただし飛行機や船などのように、車と比べて免許がとりにくく、常日頃から運転できない乗り物と比べれば、誰でもいつでも運転できる車は開発者自身が運転して改良できるという意味において開発のしやすい乗り物と言える。

参考文献

(1)坂田英治、坂田英明　『「乗り物酔い」撃退ブック』　マキノ出版、2004

第3章

走行性能の違いと原理

欧州車の走行性能は優れていると言われ、フランス車やイタリア車はしなやかな乗り心地を持ち、ステアリングを操作すると反応良く車が旋回し、ドイツ車はどっしりとした安定性を持ちながらステアリングを操作すると、しっかりと強引に車が旋回する力強さを持っているなど、自動車メーカーそれぞれ特徴を持った車を開発している。一般的にはドイツ車が最も優れていると言われ、実際に運転すると、気持ちのよいステアリングフィール、安定性、乗り心地など全ての面で大変優れていることが実感でき、特に凹凸の多い荒れた道路や、高速で走った場合の安定性などにその差が明確に現れる。よって、世界中の自動車メーカーが開発のお手本としていることが多い。

図3-1に2012年当時の世界の自動車メーカーの車を試乗したときのおおよその性能を示す。世界的に見ると現在製造が始まったばかりの中国やインドの車を除き、日本車の多くは走行性能が優れているとは決して言えるものではない。

過去における米国メーカーの車の走行性能は、乗り心地重視の車が多かったが、近年では総合的に欧州車と同じような優れた走行性能を持つ車も出現している。進歩

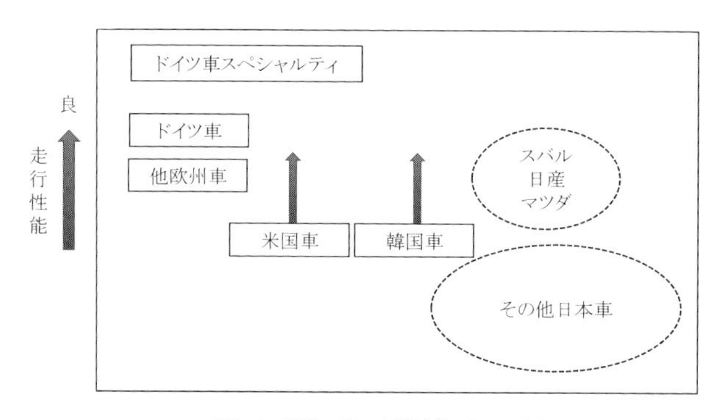

図3−1　世界の車の走行性能（2012年）

の目覚ましい韓国自動車メーカーは、初期は日本車の技術を多く導入したため走行性能について特筆できる車は少なかったが、その後走行性能技術に関しては日本車と決別して、欧州車の走行性能の研究を行ない、走行性能の良い車を開発製造している。近年では同じクラスであれば一般的な日本車より米国車や韓国車の方が走行性能は上位にある車が多いと言える。

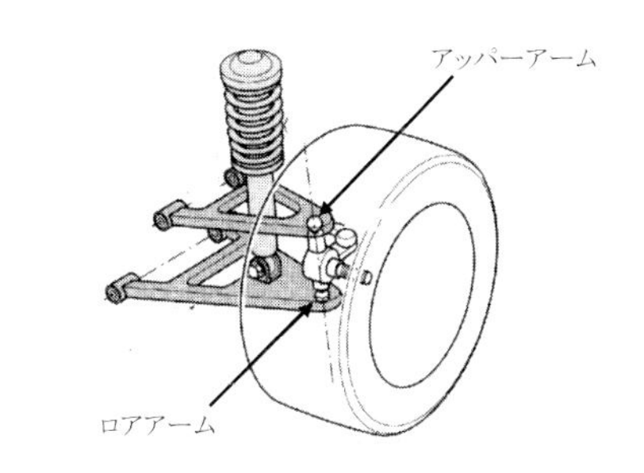

図3−2　ダブルウイッシュボーンサスペンション

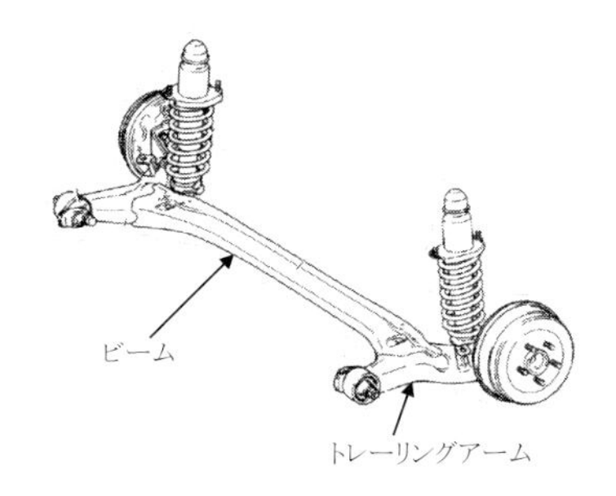

図3−3　トーションビームリアサスペンション

もちろん走行性能の良い日本の自動車メーカーも存在する。スバル車はしなやかな乗り心地ながらステアリング操作に対し正確で、高級感のある旋回ができ、世界的には良い意味で特異な走行性能を持っている。日産車は車の構造を含めドイツ車の雰囲気を持っていたり、マツダ車はステアリング操作に対して素早く旋回できる面白さを持つなど、自動車メーカーによりそれぞれ特徴のある走行性能の車を開発している。

以後この走行性能の差が何によるものかを解明していきたい。走行性能の違いの原因はサスペンションの形式の違いによるものとして車の雑誌や宣伝、広報に取り上げられている場合が多いが、次の事実からサスペンション構造の違いによるとは限らないことが予測される。例えば同じクラスのドイツ車と日本車を比較してみると、リアに独立懸架のダブルウイッシュボーンサスペンション（図3-2）を採用している日本のプレミアム車が、それよりも機構として性能が劣るとされるセミリジッドのトーションビームサスペンション（図3-3）を採用しているドイツの大衆車に走行性能で劣る場合がある。50年以上前のドイツの大衆車に路面に吸い付くように走る優れた走行性能を持った車があることに対し、それに及ばない日本車が未だに存在すること、そして量販車として最も走行性能が良

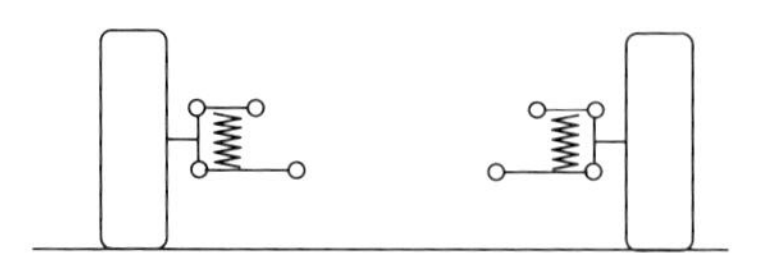

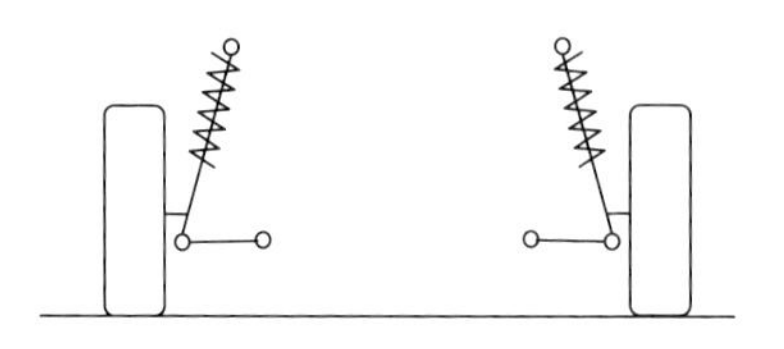

図3−4　ダブルウイッシュボーンサスペンション
とマクファーソンストラット式サスペンションの構造

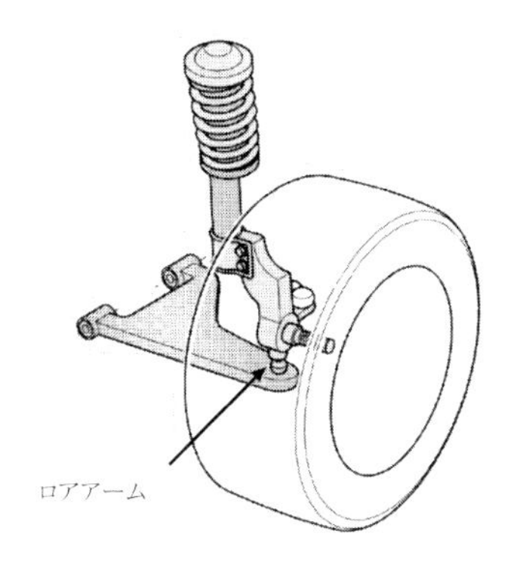

図3−5　マクファーソンストラットフロントサスペンション

いとされる欧州車のスペシャルティーカーでも、大衆車のフロントサスペンションに用いられるマクファーソンストラットサスペンション（図3-4、図3-5）を4輪とも用いている場合もあることもあげられる。そしてスプリングやショックアブソーバーを調査しても日本車の部品が特に劣っているということはない。これらの事実からサスペンションの形式だけでは走行性能の良さの説明がつかない。

ウイッシュボーンは「鳥の羽根の骨」を意味し、ダブルウイッシュボーンサスペンションとはその羽根が上下に羽ばたく時のような動きをするアッパーアーム、ロアアームの2本（ダブル）のアームを保持した構造の独立懸架サスペンションを言う。2本のアームでリンク機構を構成するためタイヤを傾斜することなく上下に動かすことができ道路の凹凸面に垂直にタイヤを保持しやすいサスペンションである。

トーションビームサスペンションとは、左右の2本のタイヤを取り付けるアームをトーション

(ねじれ)ビームで結合したサスペンションを言う。独立懸架サスペンションとリジッドサスペンションの中間の特性を持つ。多くのFF車の後輪に用いられる。

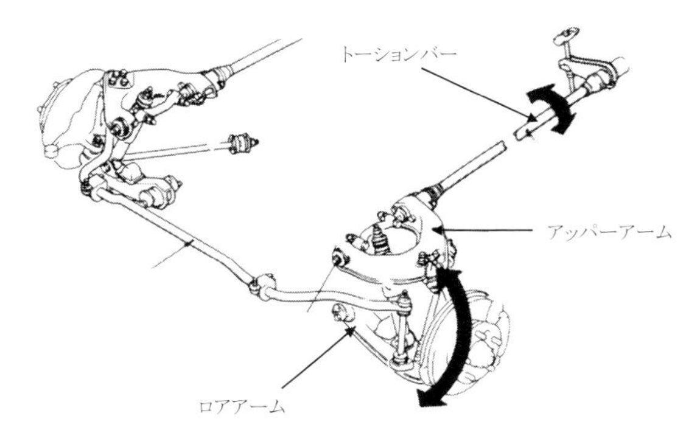

図3－6　トーションバー式
ダブルウイッシュボーンサスペンション

独立懸架とは左右のサスペンションがお互いに影響することなく独立に動く構造、リジッドとは左右のサスペンションが固定され同時に動く構造を言う。

マクファーソンストラットサスペンションとは1本のロアアームとそれを支える同軸のバネ、アブソーバで構成されるサスペンションである。ダブルウイッシュボーンよりアームが1本少なく簡素な構造のサスペンションである。

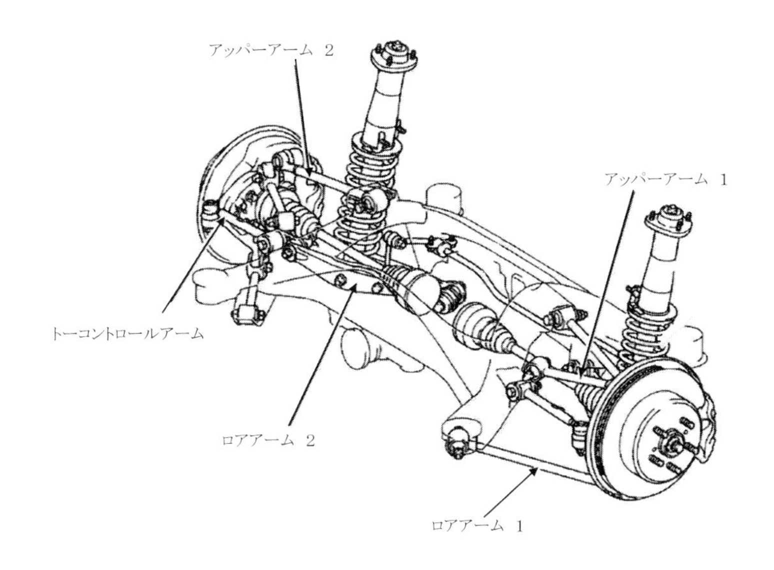

図3－7　マルチリンクサスペンション

ダブルウイッシュボーンサスペンションというと高級車のイメージがあるが、図3-6に示すようにトーションスプリングと組み合わせてワンボックス商用車に使われている例もある。低床キャビンを構成するため上下方向にスペースを必要とするマクファーソンストラットサスペンションが採用できない例である。また図3-7に示すようにダブルウイッシュボーンサスペンションを更に改良したマルチリンクサスペンションが採用される場合がある。多数のリンクで構成され、サスペンションゴムマウントのこじれを利用してチューニングを行ない、走行性能を向上しようとするものであるが、サスペンションの動きの拘束が大きくなるため、設計をうまく行なわないと、走行性能に対し逆効果になる場合もあり、注意を要する。

後に述べるが、複雑で高価なサスペンションを採用するよりボデーの構造を改良したほうが走行性能の向上に効果的である場合が多い。

では何が走行性能の良し悪しを支配するのか、消去法でいくとサスペンションが走行性能の決め手でないとすると、それを除いた部分であるボデー構造が要因であることになる。後述するが、実際にボデー構造を改良していくと走行性能の悪い車でもどんどん走行性能を向上することができる。どのようなボデー構造が良いのかというと、高いボデー剛性を持った構造で、様々な実験によりその内容が証明される。

車が走行する時の状況を考えてみると、目で見て凹凸のあるとわかる道路はもちろんであるが、一見平坦に見える道路でも小さな凹凸は存在し、図3-8に示すよう高速で走る車にとっては、お椀を伏せたような凹凸が連続していると考えることができる。

走行している車のタイヤ、サスペンションには図3-9に示すようにその凹凸から上下、左右の外力がランダムに作用し、車両全体が振動したり、直進しようとしてもタイヤが外力により動かされステアリングの修正操舵が必要になる。

タイヤやサスペンションが外力で動かされやすいほど、ドライバーは常にステアリングを修正操舵する必要があり、この現象は速度が速いほど、道路の凹凸が大きいほど顕著になる。山道などのワインディングロードなどでステアリングの修正操舵が大きく頻繁になると、脱輪して事故になるのではないかという恐怖感やストレスが発生し、精神的な疲労が大きくなる。プロドライバーがレースを行なう時など、サーキットでの高速運転では直進性能が悪かったりカーブで修正操舵が多くなると高速走行を危険に感じ、スピー

図3－8　路面上の凹凸，うねり
（道路を斜めから見た図）

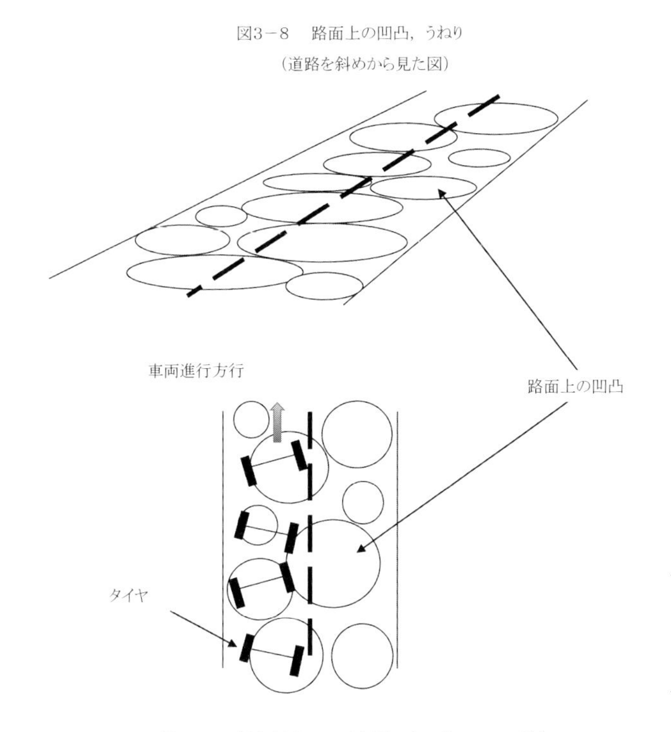

図3－9　高速走行している車両のサスペンションの動き
（道路を真上から見た図）

ドが出せないためレースに勝てなくなると言われている。

このことは、プロのドライバーにとっても素人のドライバーにとっても走行の速度域が異なるだけで、修正操舵の頻度も量も少ない安定した車が良い車と言える。

参考文献

(1)宇野高明　『車両運動性能とシャシーメカニズム』　グランプリ出版、2020
(2)浦栃重夫、橋口盛典『自動車ハイテク図鑑200』　山海堂、1989
(3)橋口盛典　『クルマの基本メカニズム』　山海堂、2005
(4)KYB株式会社 編　『自動車のサスペンション』　グランプリ出版、2013

第4章

ボデー剛性の概念

古くから自動車工学の書物に記載されている自動車運動性能理論[(1)(2)(3)(4)]は「ボデーは剛体（変形しない）」として説明されている。各自動車メーカーは同じような理論を用いて、ボデーが剛体としてサスペンションの設計をおこなっていると考えられるが、実際の車の走行性能は各メーカーによりその良し悪しが異なり、自動車運動性能理論だけでは表せないことは事実である。車のボデーは薄い鉄板をプレス加工し溶接した構造物であるため、実際には剛体ではなく弾性体で、剛体ボデーを仮定してサスペンションを設計しても、その取り付けられているボデーが弾性体で変形するので、設計どおりに作動しないことになる。もちろん弾性体であることを予測してサスペンションを設計すれば良いのであるが、様々な走行条件により複雑にボデーが変形するためその予測が大変困難で、全ての変形に対応することは不可能である。もちろん、自動車運動性能理論を理解することは不可欠必要条件で、それを基礎とした上でボデーの変形をどのようにするかの十分条件を考える必要がある。では走行性能にとってのボデーの変形とはどのように考えれば良いのだろうか。

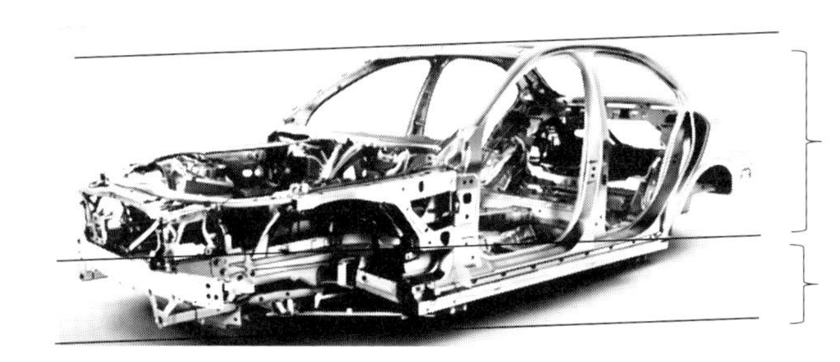

図4−1　アンダーボデーとアッパーボデー

ボデー変形の話に入る前に走行性能に関与するボデー構造について説明する。自動車メーカーによって異なると考えられるが、一般的に車の基本構造の呼び名として、アンダーボデー、アッパーボデー(図4-1)、その他プラットフォームなどの言葉が使われ、おおよそ次のような内容になる。

(1)アンダーボデー

ボデーの底面で、人間が乗る客室の床面、エンジンルーム内のエンジンを保持する骨格、サスペンションを支持するボデー部品、などの車の骨格と、それに溶接された床面の鉄板で構成される。骨格はプレス加工した鉄板を溶接した、矩形断面構造物が一般的である。アンダーボデーは通常は見る機会は少なく、オイル交換などで車を持ち上げた時に見える車の裏面と考えればよい(図4-2、図4-3)。

(2)アッパーボデー

床面のアンダーボデーに対し、その上に構成される客室や荷室、ルーフ、エンジンフード、ドアなどで、ユーザーが見たり触れたりことができるボデーを示す(図4-1)。

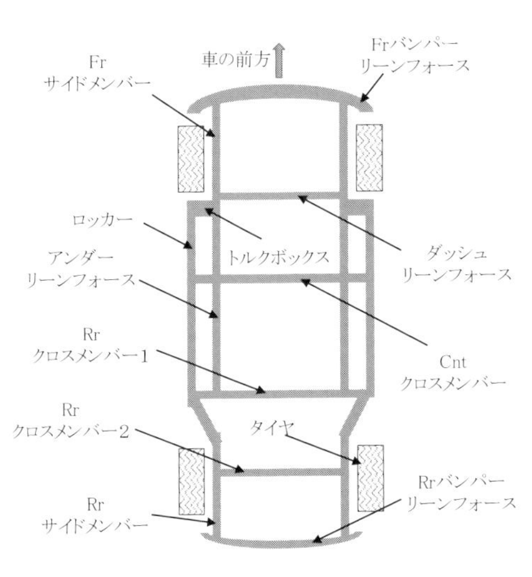

図4−2 アンダーボデーの平面視

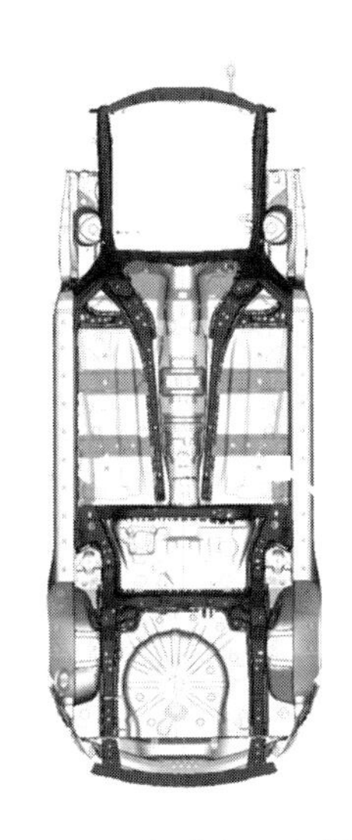

図4−3 アンダーボデーの平面視写真[5]

(3)プラットフォーム

プラットフォームの定義は、どこまでの範囲の部品を示すのか各自動車メーカーにより異なるが、アンダーボデー、サスペンション、タイヤ、ステアリングシステム、ブレーキシステムなど、車が動くことに必要な構成が一般的で、その他電気配線や安全装置を含む場合もある。完成車はこのプラットフォームにエンジンを搭載しアッパーボデーをかぶせたもので、プラットフォームは同一ながら様々な種類やスタイリングの車が製造される。

プラットフォームの開発には、大人数が必要で、その開発スタッフの人件費や高額な試作費、および大きな工場設備投資費がかかるため、自動車会社はプラットフォームの共通化を推進している。よって一度プラットフォームを作ると長期間(10年以上)にわたり使用することが多い。

車の走行性能は全ての部位に影響されるが、特にプラットフォームの中のアンダーボデーの構造に大きく左右されるため、この部分の設計が最も重要な技術となることと、さらに長期間多くの車種に使用するため、技術力があり良いプラットフォームを開発できる自動車メーカーの車は全て走行性能が良いことになる。

今後の記述簡素化のため次の略称を用いる。

フロント:Fr
センター:Cnt
リア:Rr

図4-2に普通乗用車に使用される一般的なアンダーボデーの骨格構造を示す。

厚さ約1～3mmの鉄板をプレスし溶接した矩形断面の柱状の構造物(図4-4、図

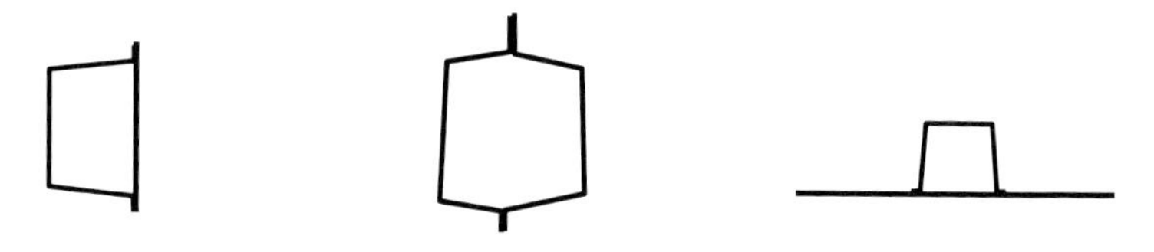

図4−4 Frサイドメンバー断面　図4−5 ロッカー断面　図4−6 Cntクロスメンバー断面

4-5、図4-6）が結合され、はしご状の骨格が形成される。この骨格に厚さ約1mmの鉄板を溶接して平面状の構造物とし、これをアンダーボデーと呼び、車の土台とする。実際の車ではこのアンダーボデーの上にアッパーボデーと呼ばれるドア、ルーフ、荷室、エンジンフードなどが溶接、組み立てられ、立体的な車形状になる。

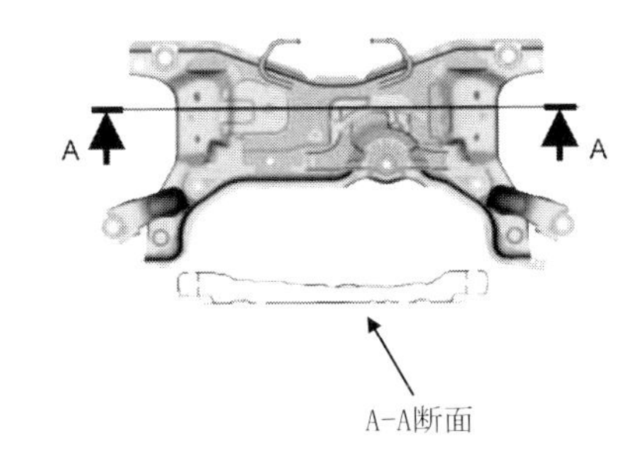

図4-7　鉄板サブフレーム写真(5)

サスペンションはこのアンダーボデーにサブフレームと呼ばれる構造物（図4-7）を介してボルトやナットで組み付けられており、このアンダーボデーとサブフレームの特性が特に走行性能を左右する。アッパーボデーも走行性能に影響を与えるがその割合はアンダーボデーと比較して小さい。鉄板ボデーはシートや窓ガラスやメーター取り付けるための静的な構造物と考えられがちであるが、走行性能に対しては立派な機能部品と言える。自動車メーカーにより少しずつ異ると考えられるが、代表的な名称を図4-2、図4-8、

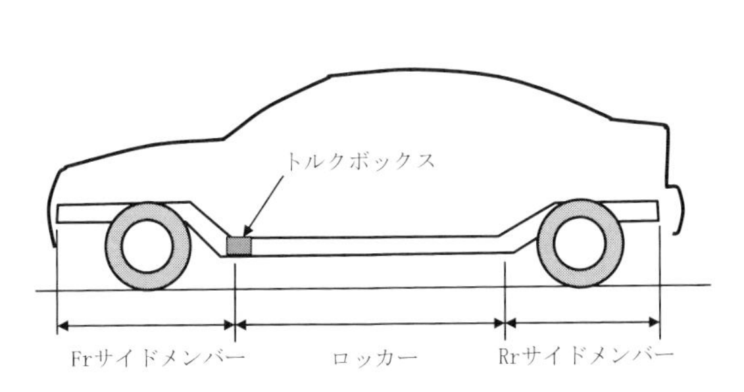

図4-8　アンダーボデー骨格を横から見た図

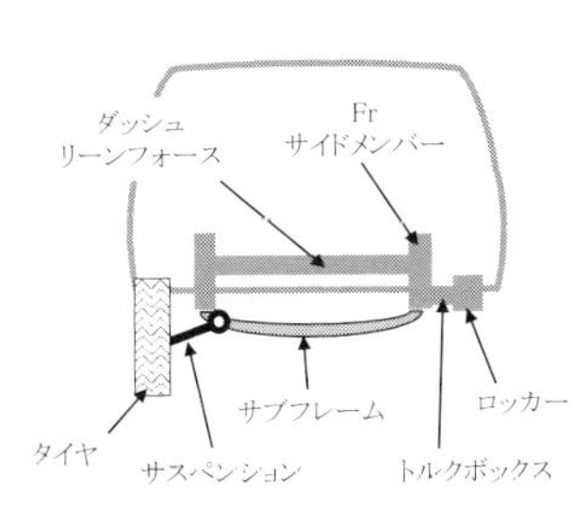

図4-9 アンダーボデーを後ろから見た断面図

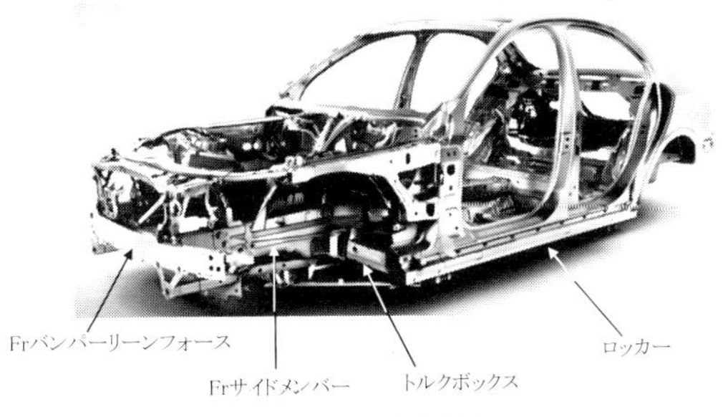

図4-10 骨格位置

図4-9、図4-10に示す。図4-2は平面視で車前方から、Frバンパーリーンフォース、Frサイドメンバー、ダッシュリーンフォース、トルクボックス、ロッカー、アンダーリーンフォース、Cntクロスメンバー、Rrクロスメンバー1、Rrクロスメンバー2、Rrサイドメンバー、Rrバンパーリーンフォースなどで構成される。

Frバンパーリーンフォースは前面衝突時に車の変形を防止したり衝突エネルギーを吸収するための補強部材、Frサイドメンバーはエンジンやトランスミッションを車に搭載するための骨格部材で、前面衝突時の主な衝突エネルギーを吸収する部材でもある。ロッカーは車の前後をつなぐ骨格で、トルクボックスという箱形状の構造物でFrサイドメンバーと結合されており、また側面衝突から乗員を守るための構造部材でもある。アンダーリーンフォースはFrサイドメンバーから連続する骨格で、人間が乗る床面の補強や前面衝突時のエネルギー吸収を補助する役割を持つ。

Rrサイドメンバーはロッカーと結合され荷室を構成することやRrサスペンションを取り付ける構造部材で、後方衝突のエネルギーを吸収する役割も持つ。Rrバンパーリーンフォースは後方衝突から車を保護するための部品である。

これらの前後方向に配置された骨格を結合するのが横方向に配置されたダッシュリーンフォース、Cntクロスメンバー、Rrクロスメンバー1、2で、これらの縦横の骨格部材を結合することにより平面上のはしご状構造が構成される。それぞれのクロスメンバーは側面衝突時の乗員保護の役目も持つ。横方向のメンバーのうち走行性能に大きく影響を与える重要なものはダッシュリーンフォースであるが、走行性能に関する認識が高くないと思われるメーカーの車には設定されていなかったり、Frサイドメンバーにしっかり結合されていなかったりする。

Frサイドメンバーやバンパーリーンフォースを除く骨格に薄い鉄板を溶接することにより、床面ができ、乗員シートが取り付けられたり荷室が構成され、床面鉄板ははしご状骨格の筋交いの役目を持ち、床全体の剛性を高める役目も果たす。

図4-8は図4-2を側面から見た骨格図で、Frサイドメンバー、トルクボックス、ロッカー、Rrサイドメンバーの位置を示し、図4-9はアンダーボデーのFrサイドメンバー付近を後ろから見た骨格を示したもので、Frサイドメンバー、トルクボックス、ロッカー、ダッシュリーンフォースなどの上下配置を示す。図4-10は実際のシェルボデーの写真を用いて各

部品の位置を示したものである。

4.1　ボデーの平面変形

図4-11にステアリングを回してタイヤが回転し、車が右旋回しようとする時のタイヤを上から見た図を示す。ステアリングを回すとタイヤが車両進行方向に対し斜めになり、この時タイヤに横力が発生し、この力が車両を横移動させ旋回させようとする力になる。ボデーが剛体であればFrタイヤが横に押され、ボデーが平面上で進行方向に対して傾き、その結果Rrタイヤが進行方向に対し斜めになり、Rrタイヤにも横力が働き車が安定し旋回横移動を始める。

しかし実際にはボデーは弾性体で変形が起こる。図4-12は車が旋回しようとする時のボデー平面変形を示したもので、ステアリングを回してFrタイヤに横力が作用し、ボデーの剛性が小さく柔らかいとボデーは弓なり形状になる。車両が安定して旋回横移動するにはRrタイヤにも横力が発生する必要があり、図4-13のようにボデーが曲がってFrタイヤだけが回転してRrタイヤが全く回転しないと、Frは右に横移動するがRrは横移動しないで直進

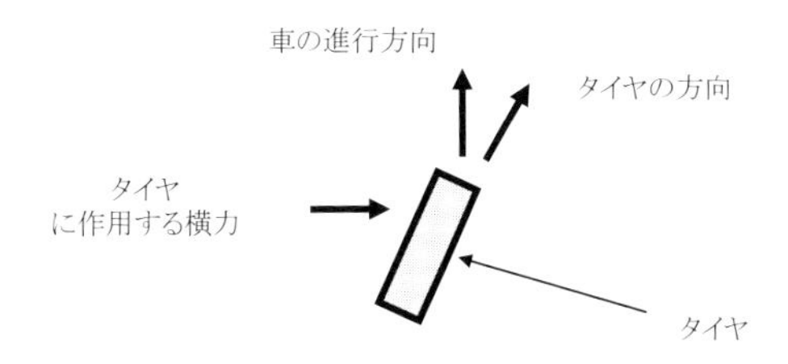

図4−11　タイヤの平面視（上から見た図）

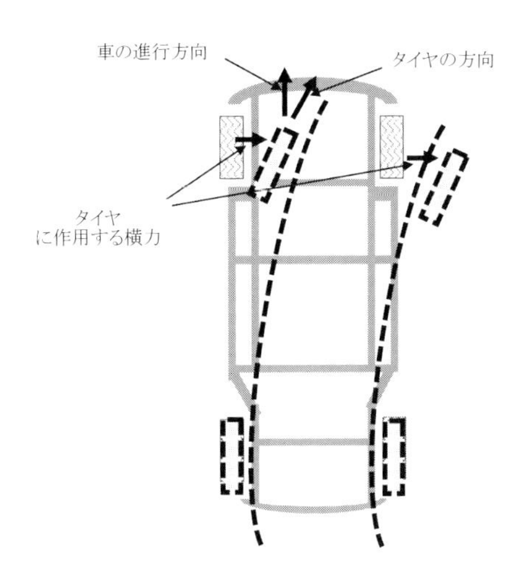

図4−12　ボデーの平面変形

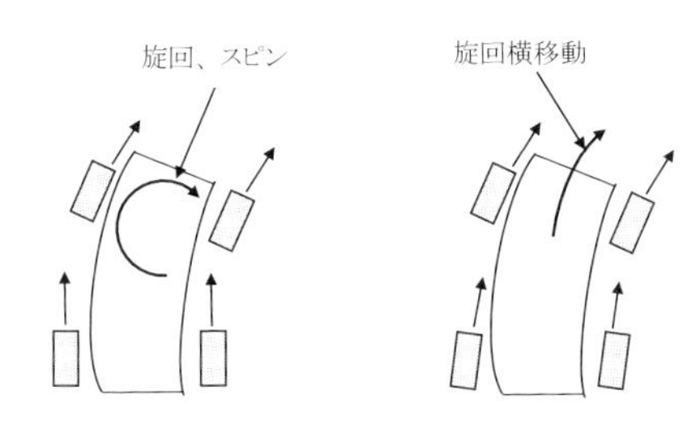

図4−13　旋回、スピンモード　　図4−14　旋回横移動モード

するので、低速度では「旋回モード」であるが、高速度では「スピンモード」になりやすく危険な走行状態となる。実際には図4-13はFrタイヤが回転した初期の頃を示すもので、しばらくしてFrの横力に対しボデーの弾性変形がピークに達し、これ以上変形が進まなくなった後に図4-14に示すようにRrタイヤの向きが進行方向に対し斜めになり、横力が発生して車両は安定した旋回横移動を始める。このボデー弾性変形がピークになるまでの時間、つまりRrが旋回横移動するまでの時間は大変短いが、そのわずかな時間をドライバーは感じとることができる。この変形量が少ない剛性の高いボデーを持つ車ほど、ドライバーはステアリングの回転操作に対してRrがすぐにふんばり、安定して旋回横移動するフィーリングを得ることができ、「Rrがしっかりしている」、「正確に曲がる」、「安定性がある」などの表現にあたる感覚が得られる。ステアリングを左右に交互に回転操舵するスラローム走行などではこの時間が左右2倍になり、剛性の低いボデーの車と剛性の高いボデーの車のこの感覚の差がさらに大きく感じられることになる。極端な場合ステアリングを左右に動かしても、Frタイヤだけが反応しRrタイヤの反応がない走行になる場合も考えられる。

ところでドライバーはステアリングをぐるぐる回して車庫入れなどをおこなうが、タイヤはそれほど回転していないことに気がつくと思う。タイヤを回転するには大きな力が必要で、ステアリングギアボックスという部品で減速しており、そのギア比は約15～20が用いられている。つまり、速い場合でも15度ステアリングを回しても1度しかタイヤは回転しないことになり、ドライバーが一生懸命ステアリングを回している割にはタイヤは回転しない。ステアリングギアボックスメーカーなどが展示する、ステアリングシステムが動いているところを見学すると、ステアリングの回転に対するタイヤの回転が随分少ないことにびっくりすると思う。通常の高速道路走行などで15度以上ステアリングを回すことなどはまれで、1度以下のわずかなタイヤ回転角で大きな横力が発生し、車が大きな横加速度を受けて車線変更できることを考えると不思議な感じがする。逆にレースなど、コーナーを高速で旋回する必要があり、大きくステアリングを回転する必要がある場合には、フォーミュラカーのようなタイヤの見える車で走行すると進行方向とタイヤの向きが異なり、タイヤが滑りながら横力を受けて旋回する面白い体験ができる。

4.2　旋回時のタイヤの傾きについて

車が旋回しようとすると、サスペンションの上方に位置するボデーやエンジンに遠心力が作用し、旋回外側のサスペンションスプリングを圧縮するように傾く。図4-15は右旋回をする車を後方から見た図で、左側のスプリングを圧縮してサスペンション機構に工夫がないとタイヤも傾く。

図4-16は傾いたタイヤだけを後ろから見た図で図4-17は上から見た図を示す。タイヤは傾いた回転中心を軸に回転しようとするので、図4-17においてはタイヤ自身は左方向に旋回することになり、車が旋回したい方向とは反対方向になる。このような状態になるとタイヤの傾きによる影響を打ち消すためステアリングを余分に回す必要が出てくることや、タイヤが傾くと道路との接地形状が変化し発生横力が小さくなるためステアリングを余分に回す必要が出てくる。これらの現象を少なくするように、実際の車ではサスペンション構造の工夫やチューニングにより図4-18に示すようにタイヤが路面にできるだけ直立するようになり、ステアリングを余分に回すことなくかつ横力が効率よく働くように設計されている。

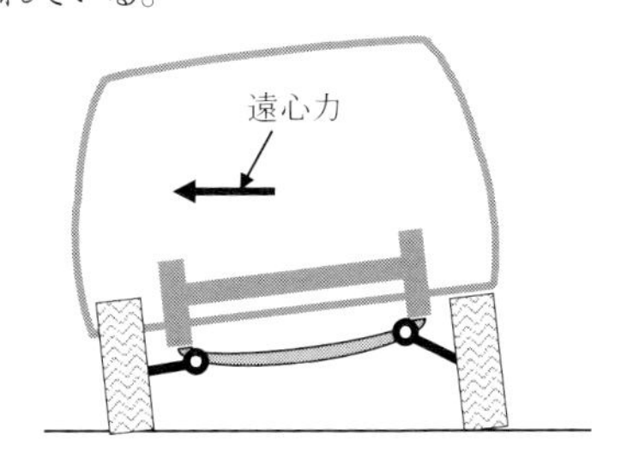

図4−15　旋回時の車とタイヤの傾き

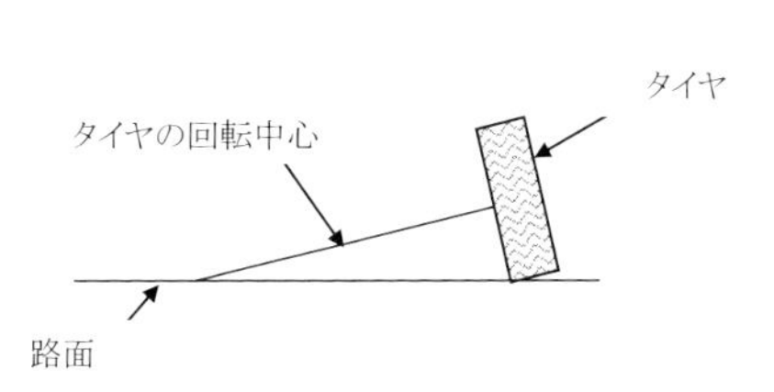

図4−16　傾いたタイヤを後ろから見た図

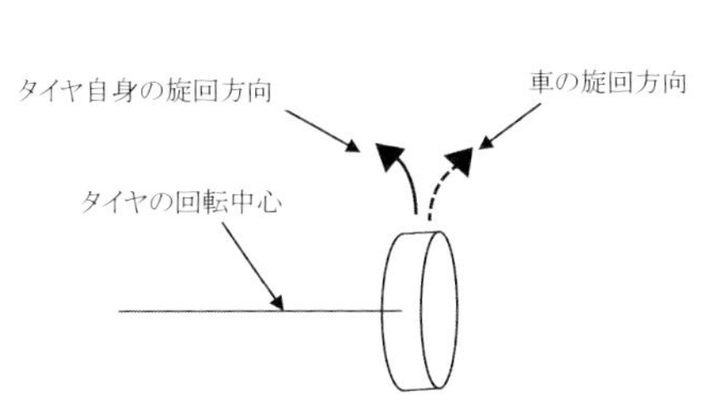

図4−17　傾いたタイヤを上から見た図

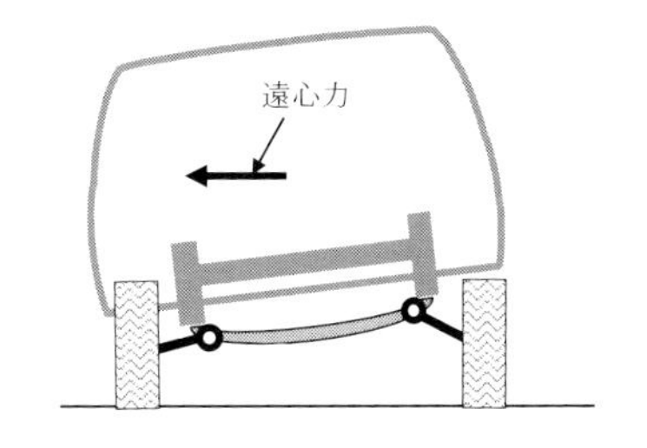

図4−18　サスペンションチューニング後のタイヤの傾き

4.3　ボデーの捻り変形

車が旋回しようとすると4.2で説明した姿勢変化に加えて、タイヤにかかる横力によりボデーの変形が発生する。図4-19は右旋回する車を後方から見た図で、タイヤに横力が働くとタイヤのサスペンションはサブフレームを介してサイドメンバーの下端に結合されているため、サイドメンバーには捻りモーメントが発生する。サイドメンバーは矩形断面の棒状骨格で、剛性が低いとその捻りモーメントにより捻り変形が発生し、その結果タイヤが図4-19に示すように傾く。実際の車では姿勢変化とこのボデー変形も含めてサスペンションチューニングを行ないタイヤが道路に極力直立するように工夫されている。

平坦な道路で一定の横力が作用する定常旋回が続く限りは図4-19の状態が持続するだけなので、チューニングが適切であればタイヤは道路に直立しているためボデーの捻り変形の影響はない。

しかし実際の走行ではステアリングを回してタイヤに横力が働き始める時から、横力によりサイドメンバーが捻り変形を起こし、さらにタイヤがサイドメンバーを捻ろうとする力と戻ろうとする力が釣り合う、定常旋回の状態になるまでに要する時間が必要で、サイドメンバーの剛性によりその変形時間が異なる。サイドメンバーの剛性が高いほどその時間が短くなり、ステアリングを余分に回すことなくタイヤが直立して横力がすばやく発生し、旋回横移動するステアリングの操舵応答性が良い車になる。

実際には全く平坦な道路はなく、路面には必ず凹凸が存在し、直進していてもタイ

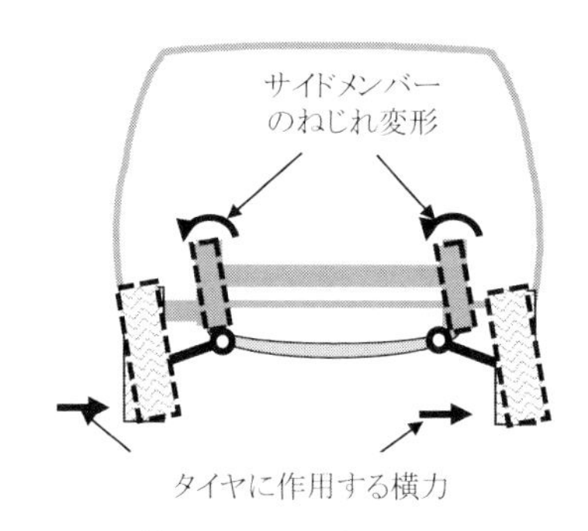

図4−19　タイヤに横力が作用した時のタイヤとサイドメンバーの傾き

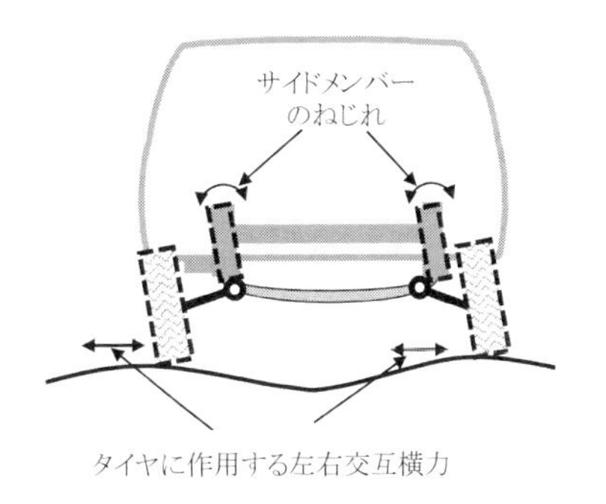

図4−20 凹凸面を走行する車

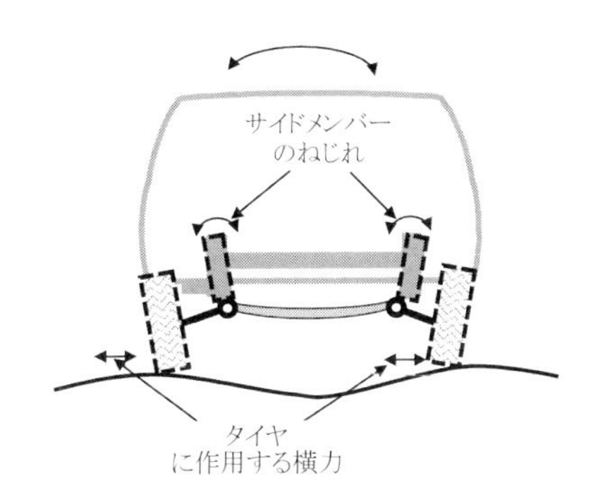

図4−21 サブフレーム剛性が低い場合のタイヤの傾き

ヤが横方向に交互に押し引きされるため横力が変化し、山道などでスラローム走行をすると横力の方向が左右に大きく変化する。ボデーはそのたびに変形を起こし、また変形が元に戻ったりする変形の繰り返しをすることと、左右に横力が変化するため一方方向の旋回と比べその量と時間は倍増する。

よってボデー剛性が低い車の場合、ドライバーは車が旋回し始めるまでのタイムラグを長く感じたり、図4-17に示すタイヤの傾きによる反旋回方向への動きを修正するため、余分にステアリングを操作する修正操舵の必要性がある。ボデー剛性が高いほど設計通りのサスペンションの動きを得ることができるため、ドライバーはステアリングの修正操舵の必要が少なく安心感の高い運転ができることになる。また、高速走行であるほどタイヤにかかる横力は大きくボデー変形が大きいため、変形速度が速くステアリングを修正する操作を素早くおこなう必要があり、ドライバーは気を抜くことができない。

ボデーの剛性を高めるとボデー変形によるタイムラグが少なくなり、ステアリングを回すとすぐに反応して旋回横移動できる正確なステアリングフィールの車になり、ステアリングの修正操舵の量も頻度も少くなるので高速走行時も安心して運転できる。

次に図4-20、図4-21に示すような凹凸路を高速で直進走行している場合について考えてみると、道路の凹凸により左右交互にタイヤに横力変化が作用し、サスペンションが動いて車両姿勢が変化すると同時にボデー変形が起こる。タイヤはボデー変形によってだけでも傾くので、図4-17に示すようにタイヤ自身が勝手に車の進行方向を変えようとし、図4-20に示すようにタイヤは道路の凹凸よりランダムに左右から横力を受けるの

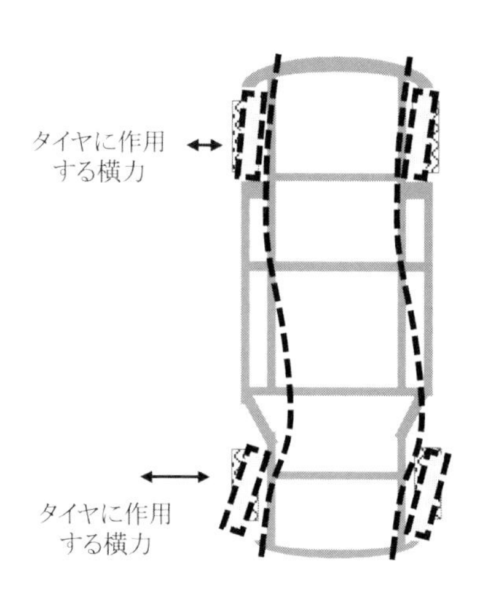

図4−22　ボデー剛性の低い車の平面変形

で、ボデー剛性の低い車はタイヤが傾くことによりドライバーがステアリングを操作しなくても車は左右に小さな旋回を繰り返し、車がふらふらする感覚を受ける。特にボデーは鉄板でできているので、変形に対してはバネ機能だけで減衰機能は持たないため、横力の小さな変動に対しても忠実にボデー変形の変化が起こり、路面の凹凸による横力変化で常時車が左右に動かされふらふらした感覚を生じる原因となる。車の全走行条件においてボデー変形による車両姿勢変化と、遠心力によるサスペンションの変化によって生じる車両姿勢変化とが合算された場合の解析をすることは不可能で、サスペンションチューニングで改良することも大変困難である。

図4-21に示すように両方のタイヤが違う向きに傾くと複雑な動きになり、この場合も車が道路の凹凸に対して漂うような動きになったり、車自体がローリングするような動きになることもある。ドライバーの意思とは関係なくこのような動きや振動が発生するので、直進走行したい場合や旋回したい場合、無意識のうちにドライバーはこの動きをステアリングで修正操舵する必要があり、そのためのストレスや疲労が発生することになる。

図4-22にボデーの剛性が低い車の平面視を示す。FrタイヤとRrタイヤに横力がランダムに作用するとタイヤの向きもランダムに変化し、特にボデー骨格の剛性が低い場合には前後のタイヤの向きが変化して車全体が左右に揺れ、予想のつかない動きになる。ドライバーは車をまっすぐ走らせようとすると、車の進行方向にタイヤが向くようステアリングの修正操舵が必要になり、修正量が大きかったり頻度が多かったりするとストレスを感じ、長時間運転すると疲労を感じる。ボデーの剛性が高いほどこの修正操舵が少なくなり、安定した疲労の少ない車となる。

4.4 乗り心地とボデー剛性

車の動きに最も影響をあたえるものは、道路の凹凸に追従するタイヤの動きによる上下揺れで、これはスプリングとショックアブソーバーで乗員が座るボデーが極力動かないようにサスペンションチューニングを行なう。実走行ではさらに車の横揺れが加わり、上下揺れと横揺れが合算された揺れを感じる。上下揺れは乗員がシートに座っていればシートに押し付けられるだけなので、それほど筋肉を緊張させることは少なく疲労は小さいが、横揺れは乗員の横方向位置を規制するものがないため、筋肉を緊張させて横に倒れないように保持する必要があり、疲労が大きくなる。上下揺れに横揺れが加わると、乗員は車がグラインドしているような不安定な感覚になり、さらにそれらの揺れが車の構造物や部品を揺れ動かして振動を発生して騒音が大きくなり、精神的にも疲れる。

グラインドとは図4-23に示すように人間が車の中で回転しているような感覚を言う。たとえば体が上方向に動きその間に右方向に動き、その後下方向に動きその間に左方向に動くと時計方向にぐるぐる回るような感覚となる。

実際にどんな横揺れ、振動があるか考えてみよう。

乗用車は一般的に1～2トンの質量であるが、そのうちボデーが300～500kgの大きな質量を占める。図4-24に示すようにボデーはFr、Cnt、Rr、に分かれるがCnt部分は客室を構成するルーフ、ドア、ガラスと、シート、インスツルメントパネルなどの重量部品を搭載し、最も質量が大きいルーフを支えるピラーがアンダーボデーを拘束し、構

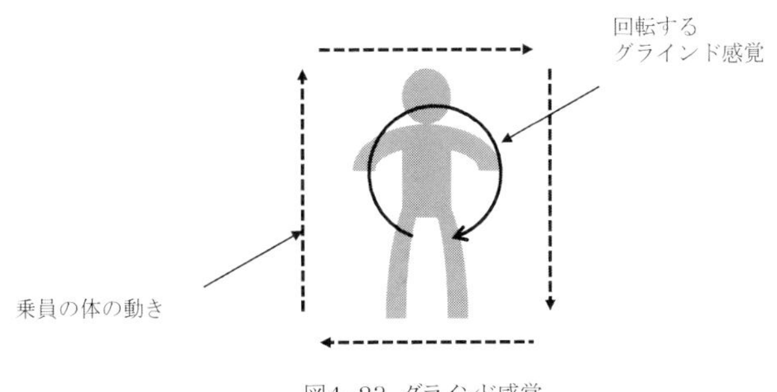

図4−23 グラインド感覚

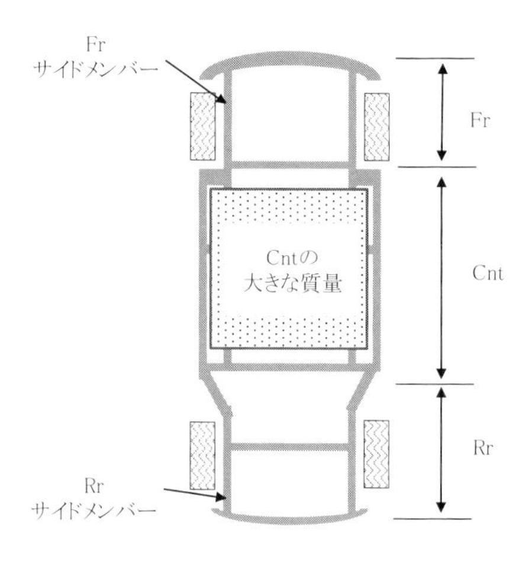

図4―24　ボデーの区分け

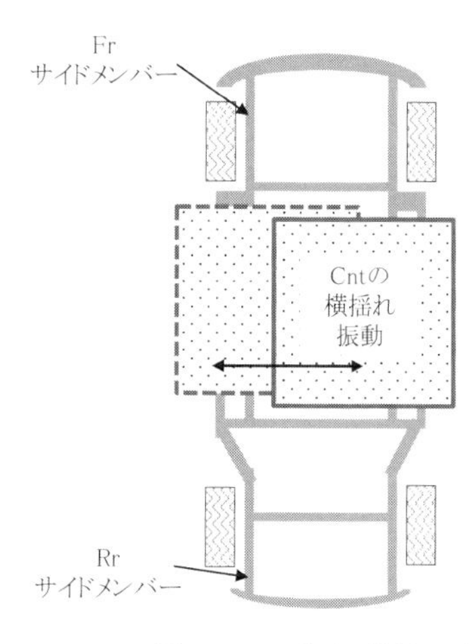

図4―25　Cnt部分の横揺れ、振動

造上剛性が高い。Fr部分は主流のFF車やFR車においてエンジンとトランスミッションが搭載されるため床面がなく、棒状骨格のFrサイドメンバーだけで構成され、高剛性を作ることが難しい構造となっている。Rr部分は荷室空間で棒状のRrサイドメンバーと床板一枚で構成され、Cnt部分とFr部分の中間の剛性を持つ。

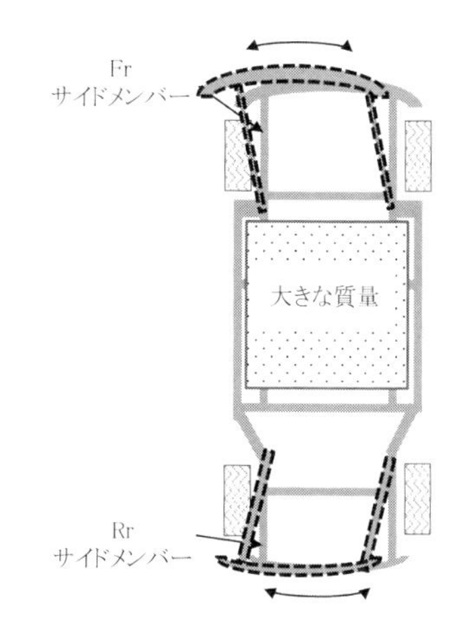

図4―26　Fr、Rr部分の横揺れ、振動

タイヤやサスペンションはこのうち剛性の低いFrとそれほど高くないRrに結合されている。これらの構造にタイヤのランダムな入力が横往復振動として入ると、様々な車の振動が発生する。Fr部とCnt部の結合剛性が低いと図4-25に示すようにタイヤからの横力がボデーに加わると質量の大きいCnt部分が横揺れ、共振振動を起こすことが考えられることや、逆に考えると図4-26に示すようにCnt部分に対しFr部分とRrの部分が横揺れ、振動することになる。

図4-27に車両の後ろから見た図を示す。サイドメンバーのねじり剛性が低いと、タイ

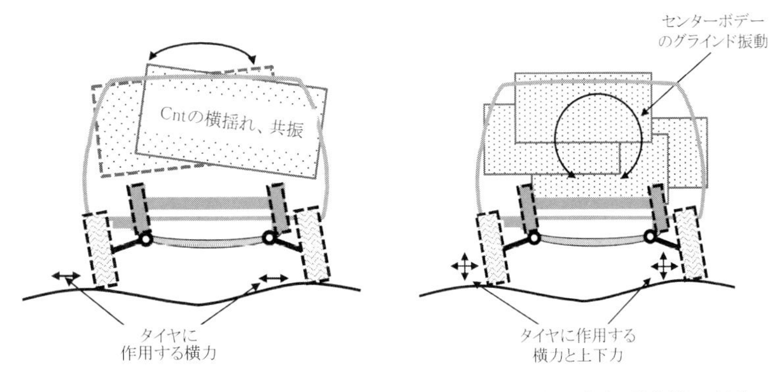

図4−27　Cnt部分の左右揺れ　　図4−28　上下と左右の複合揺れ、振動

ヤからの横力によりCnt部分が左右に揺れ、振動が発生し乗員は乗り心地を悪く感じる。さらに実際の走行では図4-28に示すように路面の凹凸からくる上下振動が加わるので複合振動となり、車がグラインドしたような気持ちの悪い揺れが発生する。

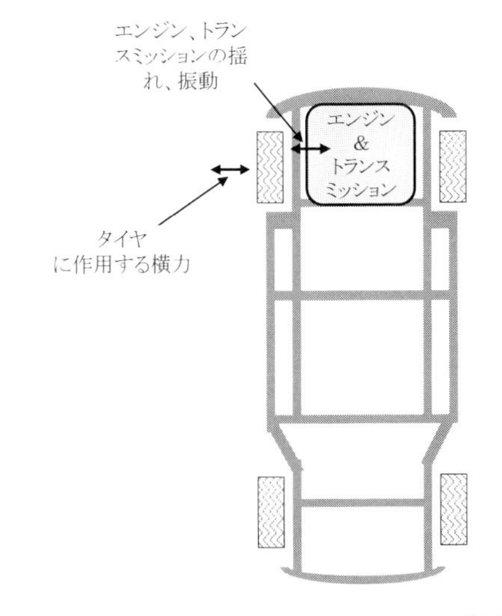

図4−29　エンジントランスミッションの横揺れ、振動

ボデーの次に大きな質量を持つ構成部品はエンジンとトランスミッションで、乗用車では約80〜250kgになる重い部品である。ほとんどの車が車のFrに配置され、通常は振動遮断のため柔らかいゴムでできたマウントを介してFrサイドメンバーに取り付けられている。図4-29で示すようにタイヤの横力によりエンジンとトランスミッションが横揺れ、振動を発生するがマウント自体がゴムバネであるとともに、Frサイドメンバーの剛性が低いとサイドメンバーがバネの働きをして複雑な振動になり、逆にCnt部分である客室を揺らすことにより乗員に不快感を与

える。

エンジンマウントのゴムを硬くするとエンジンがふらふらせずステアリングフィールの良い車になるが、エンジンの爆発力による振動が遮断されずにFrサイドメンバーを伝わって客室に入るためエンジン音が大きくなり、エンジンマウント硬度をチューニングするには両者のバランスを考慮する必要がある。エンジンの前方にはラジエターが設定され、そこには冷却水が充満して質量が大きいため、ラジエターを支えるゴムマウントとでダイナミックダンパーの役割を持たせることができる。停車時の「ぶるぶる」したアイドリング振動などはこのダイナミックダンパーの効果を利用して振動の大きさを低減できる。

ダイナミックダンパーとは、共振するものにゴムなどの弾性体を介しておもりを付加することにより、共振を抑制する振動吸収器である。

4.5　エンジン、トランスミッションが走行性能に及ぼす影響

図4-30は車が右旋回しようとする場合を示す。エンジンとトランスミッションは慣性の

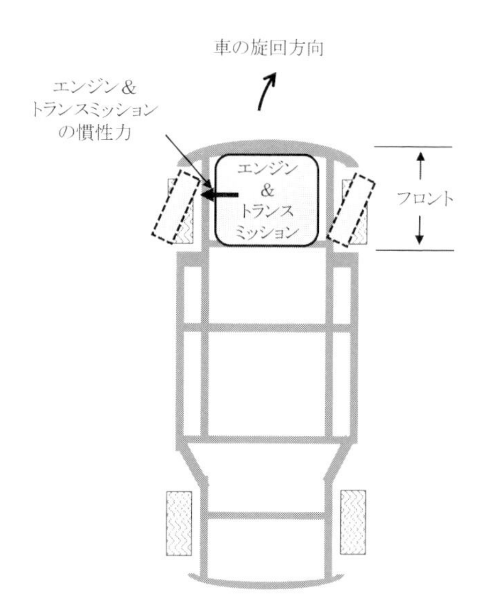

図4−30 車が右旋回するときのエンジン、トランスミッションの影響

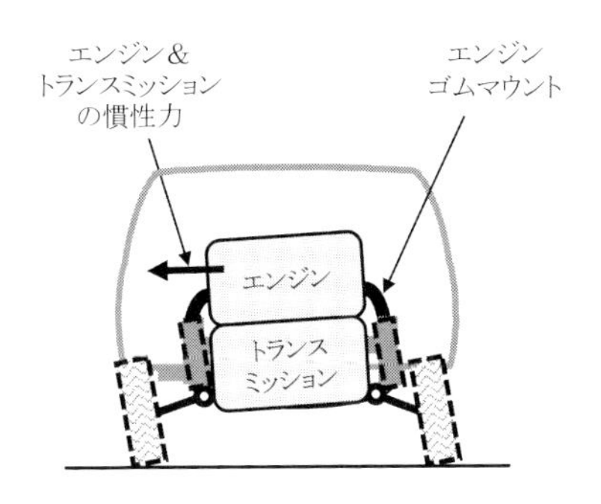

図4−31　エンジン、トランスミッション慣性力によるFrサイドメンバーの捻れ変形

法則で直進しようとするので、旋回しようとする車にとっては旋回方向と逆の慣性力（遠心力）が発生するため旋回しにくくなる。同じプラットフォームの車種に排気量が違い質量の異なるエンジンが搭載されている場合、排気量の小さい軽いエンジンが搭載されている方が車は機敏にステアリングの回転に反応して旋回するし、逆に質量の大きい重いエンジンが搭載されるとステアリング反応が悪い特性になる。重いエンジンの車の方がゆったりと旋回し質感あるステアリングフィールと感じられると判断される場合もある。

図4-31にエンジン付近のFrボデーを後ろから見た断面図を示す。現在世界の主流はエンジンをFrに搭載したFF車でであるが、この場合はエンジン、トランスミッションはFrサイドメンバーの上部にゴムマウントを介して乗っかる構造で搭載される。右方向へ旋回する場合図4-31のようにエンジン&トランスミッションに左方向の慣性力がはたらき、サイドメンバーの上端に取り付けられているのでFrサイドメンバーには反時計回り方向の捻りモーメントが発生する。タイヤの横力でFrサイドメンバーを捻ろうとする回転方向と同じ方向の捻りモーメントであるため、Frサイドメンバーはタイヤ横力による捻りモーメントに加算され捻り変形がさらに増大し、余計にタイヤは傾くことになる。Frサイドメンバーの剛性が低く捻れが大きくなるほど、さらにステアリングを余分に回して旋回する必要がある。

このように車のボデー剛性が低いと、旋回時にドライバーのステアリング操作に素直に反応しない鈍感な車になることと、道路の凹凸からの上下左右の入力により修正操舵が大きくなりその頻度も増加する。さらにランダムで不快な揺れや振動が発生することにより、乗員は不必要なストレスを感じる。逆にボデー剛性が高いとドライバーのステアリング操作に忠実に車が旋回し、無駄な修正操舵が減少し揺れや振動がなく乗り心地の良い車になり、ストレスを感じず疲労の少ない車になる。

4.6 車両重量バランスについて

車両重量バランスすなわち前後のタイヤにかかる車の荷重バランスは、前後均等が望ましい。摩擦力は荷重に正比例するためFrに荷重がかかりすぎるとFrの横力が大きくなりスピンモードになりやすく、Rrに荷重がかかりすぎるとRrの安定性が過度になり旋回しにくい車になる。

ここでFF車(エンジンがFrでFrタイヤを駆動)とFR車(エンジンがFrでRrタイヤを駆動)の走行性能の特徴について考えてみよう。

既に述べたようにFF乗用車の場合エンジン(50〜150kg)とトランスミッション(30〜100kg)合計80〜250kgの大きな質量が上下方向に一体となり、図4-31のようにFr部分に集中して配置される。一般的にはFrサイドメンバーにエンジンマウントやトルクロッドを介して吊り下げられぶら下がった構造をしている。

よって車が旋回するとき、左右に遠心力が働きぶらぶら揺れやすい構造で、走行性能に関して本章の4.5で述べたように悪影響を及ぼしやすい。また、図4-32に示すようにエンジンとトランスミッションが上下方向に合体して大きいため、ステアリングギアボック

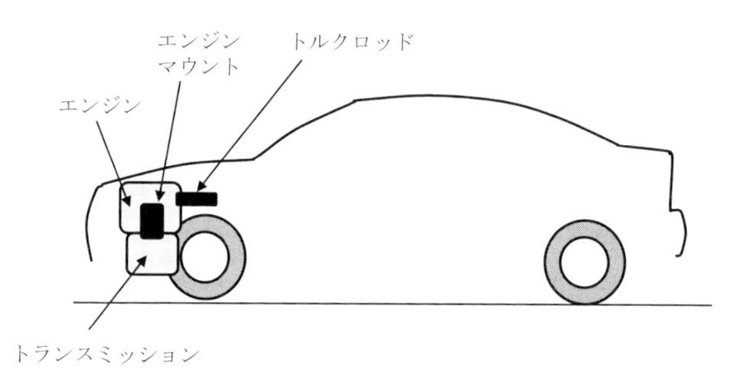

図4−32 補強プレートによるボデー剛性バランスの変化

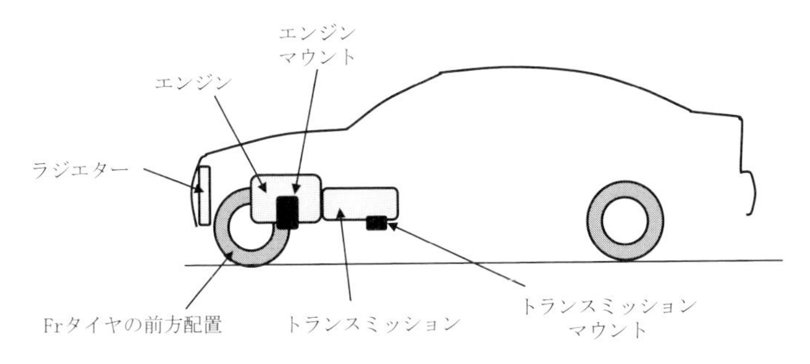

図4−33　補強プレートによるボデー剛性バランスの変化

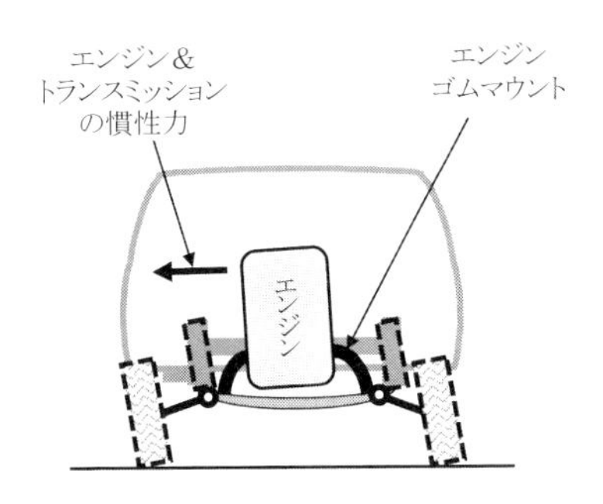

図4−34　エンジン、トランスミッション慣性力によるFrサイドメンバーの捻れ変形

スをエンジンとトランスミッション後方にレイアウトする必要があり、タイヤを車の前方に配置することが難しい。

よって前後のタイヤへ荷重が前方集中型になり、車両重量バランスが不均衡になる。

一方FR車の場合、図4-33に示すようにエンジンとトランスミッションが前後方向に結合され、トランスミッションがFF車より車両中央に配置されることになり質量の前方集中が緩和される。また、図4-34に示すようにエンジンが吊り下げられた構造ではなく、サブフレームやサイドメンバーに対し左右に突っ張った構造で、なおかつトランスミッション後方もマウントで固定されるため、ぶらぶら揺れにくい構造となる。

図4-33に示すように前方はエンジンだけの構造であるためステアリングギアボックスの配置に自由度が生じ、タイヤを車両前方に配置しやすくなる。よって前後タイヤへの荷重のバランスが均等になりやすい。FR車の方が走行性能を向上するには良いことが

わかる。

ただし、日本のFR車でも欧州のFF車に走行性能で劣る場合があり、欧州車は重量バランスの不利を他の方法でカバーしているものが多い。

冷却水を満たしたラジエターなども重い部品であり、前方に配置しなるべく冷却しやすいようにラジエターグリルの開口を工夫して小型化することも重要である。車両重量バランスを均等にするため、わざわざ後方にラジエターを搭載した車もあるが、冷却性能の悪化によりラジエターサイズが大きくなることと、前方のエンジンから冷却水パイプを後方まで伸ばすため、質量が大幅に増加して加速性能が悪化したり、車両の後方外端の質量が増加して旋回性能が悪化したりして、本末転倒である。

4.7　ボデーが変形する例

ここでボデーが変形していることを示す実例を示す。

(1)筆者が車の開発をしている時、図4-35に示すようにボデー剛性を高めるため両端を加工した鉄パイプを、左右のアンダーリーンフォースにボルト結合した。その結果、

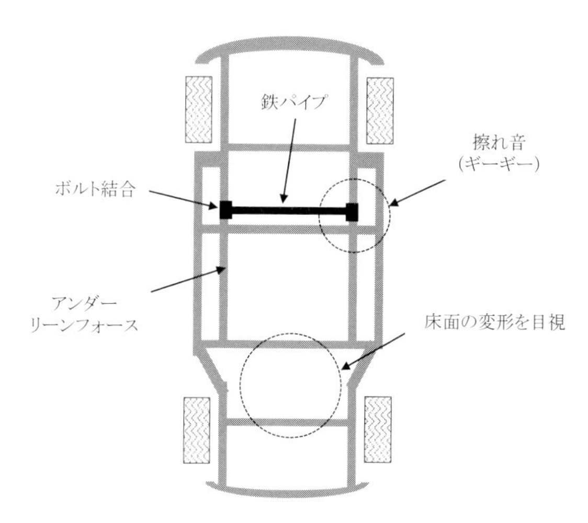

図4−35　アンダーリーンフォースのパイプ結合

走行性能、特に安定性が増加するとともに不快なボデー振動が少なくなり、安心感と質感の高い乗り心地が得られ快適性が向上した。アンダーリーンフォースと鉄パイプは大きな締付力でしっかりとボルトで締め付けられていたが、5km／h以下の低速度あるいは停車状態でステアリングを回転すると、ボルト結合部からギーギーという擦れ音が聞こえてきた。アンダーリーンフォースが上下左右に変形し、それを鉄パイプが止めようとして大きな力がかかり、締め付け面がずれて擦れ音が出ていたことになる。

(2) Rrシートを取り外して凹凸路を走行すると、ボデー剛性が低い場合、床面鉄板が変形する様子が目視できる。これは左右のロッカーやRrサイドメンバーの骨格がそれぞれ上下左右に変形し、その間に溶接されている床面の鉄板が骨格変形により変形させられることによるものである。

(3) 車は一見では剛性が高く変形しにくそうに見える。しかしサスペンションや内外装を取り外して鉄ボデーだけにして手で揺さぶると随分振動することがわかり、ボデーは意外に柔らかいものだと感じることができる。自動車工場を見学する機会があり鉄板ボデーだけが置いてあったなら、手で揺さぶってみるとグラグラ揺れその柔らかさが実感できる。

(4) ドアを閉めると窓のサッシと天井ルーフの間に少し隙間があり、ゴムシールで水の浸入を防いでいるが、車が走行している時にこの隙間に指先を当てていると（図4-36）、その隙間が広くなったり狭くなったりするのを指先で感じることができ、ボデーは意外と変形することがわかる。ルーフとドアサッシの両方が変形し、少ない量ではあるが開いたり閉じたりしていることになる。

図4−36　指先を天井とドアサッシの隙間変化

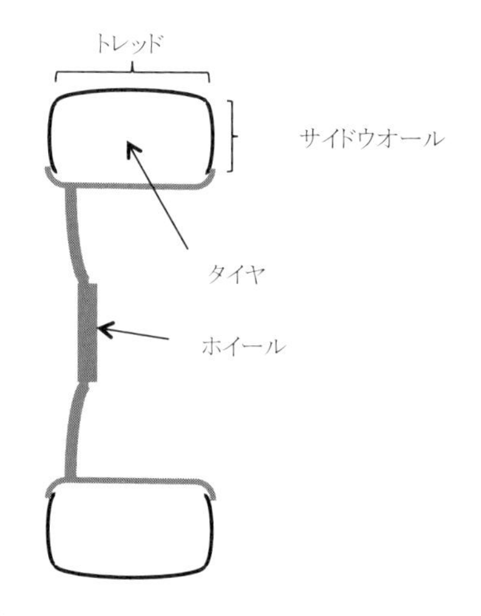

図4−37　タイヤのトレッドとサイドウオール

(5)筆者がサーキットコースでレースのような過激な高速ワインディング走行を車の開発で行なっていた時、過激な運転をしたため開発していた車は、タイヤのサイドウオールまですり減っていたのに対し、走行性能を目標としていた欧州車のサイドウオールは全くすり減ることはなくトレッドだけで走行しており、その差に驚いたことがある。トレッドとはタイヤの地面と接する面、サイドウオールとはタイヤの側面を示す(図4-37)。同等の性能のタイヤを使用し、サスペンションはどちらもマクファーソンストラット式の機構的にも同等のもので、設計上の車が傾いた時のタイヤ軌跡も同等であった。よってその違いは、開発車ではサイドメンバーの捻り変形が大きく、タイヤが傾きサイドウオールが道路に接して走行していたと推測される。サイドウォールはゴム厚さが薄く、乗り心地を確保するため柔らかいゴムでできており、路面に接することは破損の恐れが大きく危険な状態であったことになる。緊急回避走行などではこのような状況が発生するので、サイドウオールがすり減らないボデー剛性の高い車の方が安全と言える。

参考文献

(1)近藤政市　『基礎自動車工学』　養賢堂、1965
(2)宇野高明　『車両運動性能とシャシーメカニズム』　グランプリ出版、1994
(3)景山克三　『自動車の操縦性・安定性』　山海堂、1992
(4)安部正人　『自動車の運動と制御』　山海堂、1992
(5)嶋中常規　「新型マツダアクセラのダイナミック性能」、『マツダ技報』No.27、2009

第5章
走行性能を向上させるボデー剛性の改良方法

今までのボデー変形の概念を念頭に、どのようにすればこのボデー変形を小さくできるのか研究開発がなされ、販売している車に採用されている構造を説明する。平面変形と捻り変形の両方はタイヤに外力がかかるのと同時に発生し、その割合を把握することは難しいが、様々な走行性能の良い車のボデー構造を調査すると、捻り剛性を向上する技術や部品が装備設定されていることが多く見受けられる。平面変形も捻り変形もどちらも大切と考えられるが、実験によっても経験的にも捻り剛性を高くする方が走行性能を向上する上では効果が大きいと感じられる。

5.1　Frサイドメンバー自身の剛性

Frサイドメンバーの捻れを防止するには、まずサイドメンバー自身の断面積が大きく、捻れ剛性が高いことが重要である。走行性能の良い車を作る自動車メーカーは、一般的に図5-1のようにサイドメンバーの断面積を大きく十分とっているのに対し、走行性

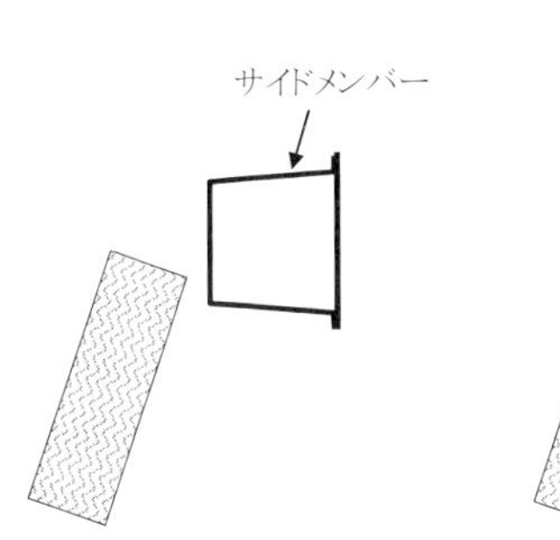

図5−1　剛性の高いサイドメンバー

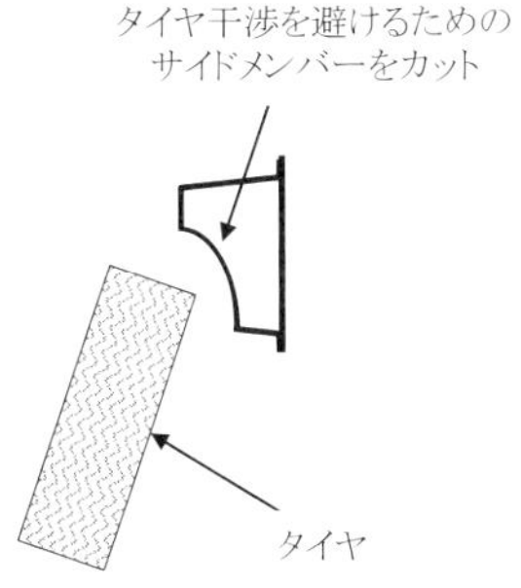

図5−2　剛性の低いサイドメンバー

能をあまり気にしないメーカーは断面積が小さい。加えてタイヤとの干渉を避けるため干渉部分を図5-2のようにカットして薄っぺらい形状にしているものもある。サイドメンバー断面積はできる限り大きくして高剛性を確保することを第一に考慮した上で、タイヤやエンジンをレイアウトすることが重要である。車のコンセプトにおいてどうしても車幅に制限がある場合は、エンジンやトランスミッションを可能な限り小型にして、エンジンルーム内の幅方向の寸法を小さくし、Frサイドメンバーとの干渉をなくすことにより、Frサイドメンバーの断面積を削ることなく大きくとれるようにする。これには、自動車メーカーの総合的な企画力と技術力が必要である。

5.2 Frサイドメンバー補強リーンフォース

図5-3、図5-4 に示すように左右のFrサイドメンバーを、剛性の高いリーンフォースで結合するとFrサイドメンバーの捻れが防止され、タイヤの傾きが小さくなり走行性能が向上する(ダッシュリーンフォースと呼ばれる場合がある)。ドライバーの感覚としては「ステアリングフィールの向上」、「正確な操舵感」、「ダイレクトな操舵感」が感じられる。サイドメンバーの捻れを矩形断面の長い棒状の構造物で防止するため、構造のキーポイントは、リーンフォースの断面が十分大きいことと、サイドメンバーとリーンフォースの強固な溶接結合である。リーンフォースはエンジンルームと客室の間に設定されるので、断面を大きくするためには客室空間が狭くなることに対する防止策、エンジンやトランスミッションやサスペンションとの干渉、ワイヤーハーネスやエアコン配管、ブレーキ配管との干渉に対するレイアウト上の設計の工夫も必要である。

このリーンフォースは、欧州車を見ると立派なものが多用されているのがわかる。走行性能が優れた日本の自動車メーカーにも工夫されたものが設定されているが、そうでないメーカーの車は設定されていなかったり、設定されていてもその構造が貧弱なものになっている場合が多い。マツダアクセラのリーンフォースを図5-5に、イラストおよび寸法をを図5-6に示す。バンパーリーンフォースとエンジンを取り去ったエンジンルームを前方から見た図で、高さ・幅とも60mmの太い断面のリーンフォースが設定されている。この構造が、マツダ車のステアリング操舵に対して素早い旋回ができる、特徴のある走

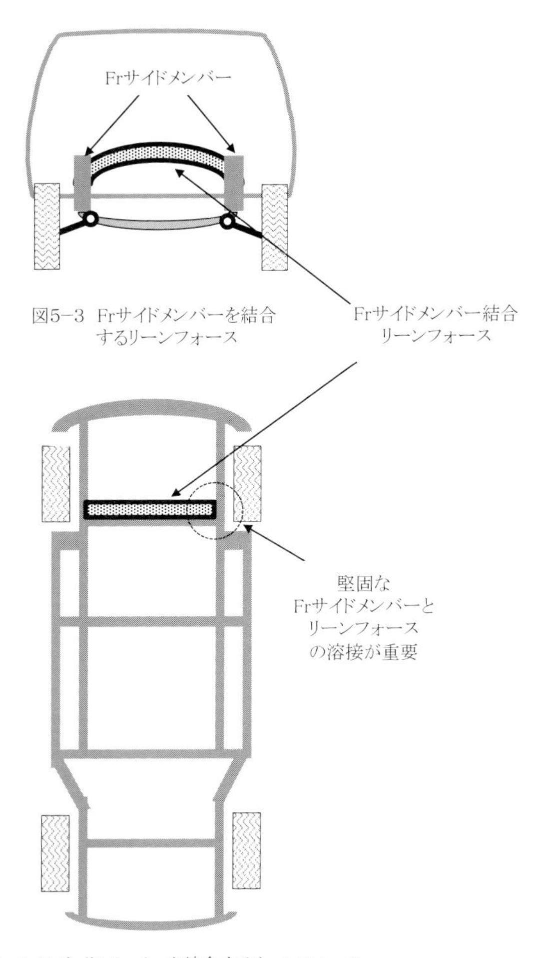

図5−3 Frサイドメンバーを結合するリーンフォース

図5−4 Frサイドメンバーを結合するリーンフォース

行性能に大きな貢献をしていると考えられる。

図5-7、図5-8、図5-9に他の走行性能が良いとされる車の実例を示す。図5-7はメルセデス・ベンツ（以下ベンツ）で、Frサイドメンバーと同等の大きさの断面を持った立派なリーンフォースが設定されている。図5-8はBMWでトランスミッションで分断されるのを避け、トランスミッションの上部を回り込むように工夫して設定されている。図5-9は日産スカイラインでBMWに大変良く似た構造、寸法が取り入れられ設定されている。い

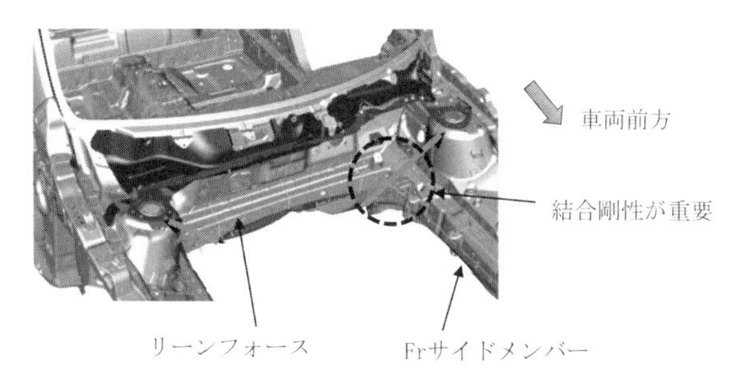

図5−5　マツダアクセラリーンフォース写真[1]

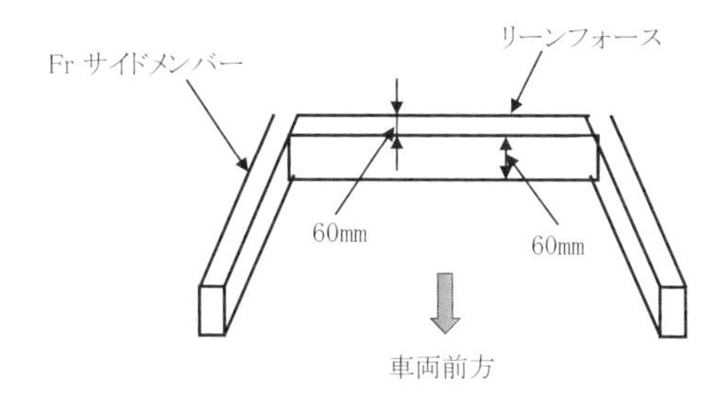

図５−６　マツダアクセラのリーンフォース寸法

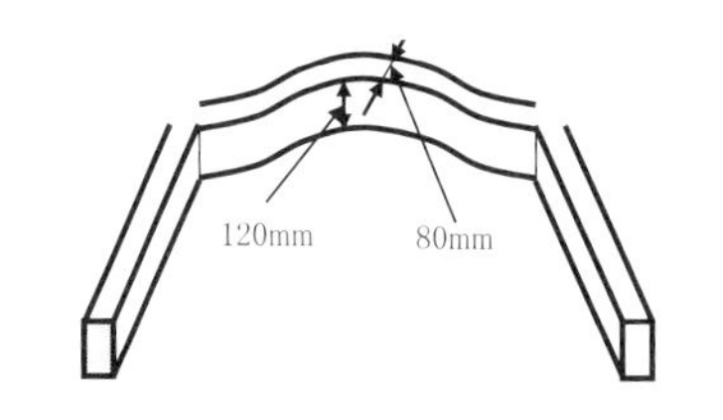

図5−7　メルセデスベンツ　ML350（2代目）のリーンホース

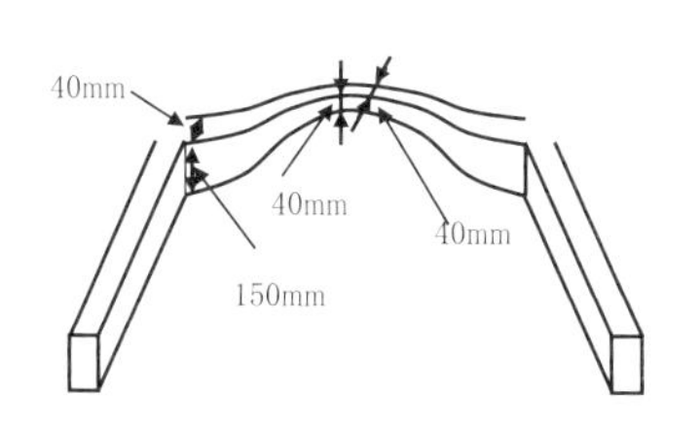

図5−8　BMW　530iクーペ（5代目）のリーンホース

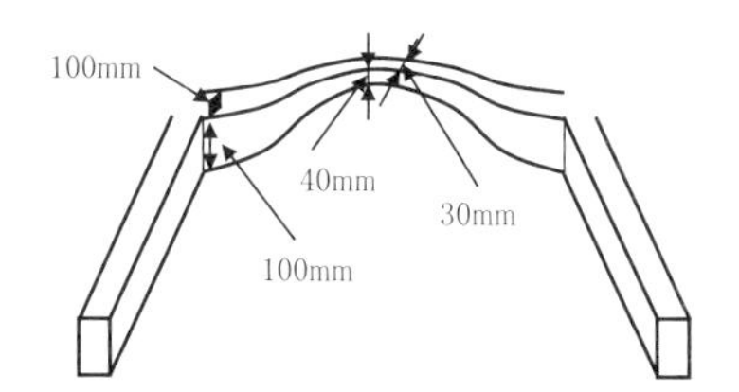

図5−9　日産スカイライン（12代目）のリーンホース

ずれもリーンフォース自体の溶接は緻密におこなわれており、サイドメンバーとの結合も堅固に溶接されている。

5.3 トルクボックスの補強

前項5.2のリーンフォースはFrサイドメンバーの捻れを車の内側から防止しようとするものであるが、トルクボックスの剛性を高めることにより外側から捻れを防止することもできる。図5-10、図5-11に示すようにロッカーとサイドメンバーは矩形断面のトルクボックスで結合されているが、このトルクボックスの断面積を増大したり溶接を堅固にすることにより、Frサイドメンバーの捻れを小さくすることができる。

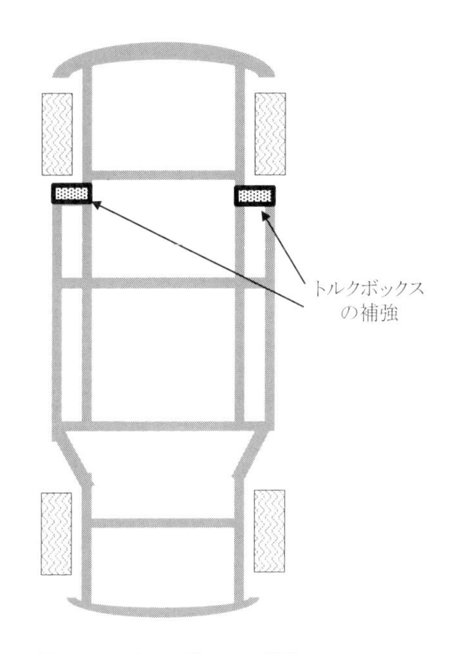

図5−10　トルクボックスの補強

トルクボックスを補強すると5.2のFrサイドメンバー補強、リーンフォースと同様、ドライバーの感覚として「ステア

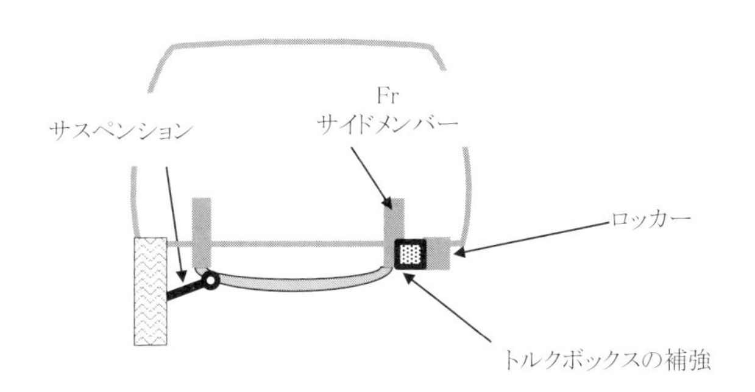

図5−11　トルクボックスの補強

リングフィールの向上」、「正確な操舵感」、「ダイレクトなステアリングフィール」が感じられる。さらに、Frサイドメンバーの捻れを防止する以外の効果もある。車を旋回させようとする時、ステアリングを回してFrタイヤが回転し、発生した横力がロッカーからRrタイヤに伝わり横力が発生して旋回横移動する。トルクボックスが補強されるとトルクボックスは変形しにくくなり、Frサイドメンバーに入った横力がロッカーに速く伝わり、Frタイヤの横力がRrタイヤに伝わる時間が短くなる。Rrタイヤの横力が速く発生し機敏で安定した「Rrがしっかりしている」という感覚の旋回横移動ができる車になる効果も得られる。

5.4　鉄板の合わせ構造と溶接方法について

車両のボデー骨格は一般的に、板厚約1～2mmの鉄板を折り曲げ、スポット溶接で溶接をおこなった矩形立体構造である。鉄板自体は板なので剛性は低いが、立体構造にすることにより剛性が高くなる。よって鉄板の折り曲げ形状や組み合わせ方、溶接の方法など、設計の工夫次第でボデーの剛性の高低に大きな違いが生じる。それは全てのボデーの鉄板の溶接構造に共通することであるが、トルクボックスの補強を例にして説明する。横力が作用すると溶接面が開く図5-12に示す構造ではなく、剪断力が働く図5-13に示す溶接方法が理想的である。図5-12の場合、横力が作用するとわずかであるが溶接面が開くために変形に要する時間がかかる。ボデーの多くのスポット溶接点に同じような開き変形が起こるとその積算時間は大きなものになる。一方図5-13の場合ボデー変形がない。生産技術上、図5-13に示す剪断力構造がとれずに開き方向で溶接しなければならない場合でも、図5-14のようにフランジ部の根元に近づけてスポット溶接すると溶接面の開きを小さくすることができ、剛性を高める効果がある。走行性能の良い車には堅固なトルクボックスの構造を持つものが多く、走行性能のキーポイントと考えられる。

複数の鉄板プレス部品を溶接しようとすると鉄板の合わせ誤差が生じ、それを解消するため図5-15、図5-16のように溶接面だけ凹ませて溶接する構造を採用する場合がある。溶接面を一部突出させることにより、鉄板のプレス加工要求精度を緩和して溶接しやすくする生産技術上の工夫であるが、これはボデー剛性を高めることに対しては変

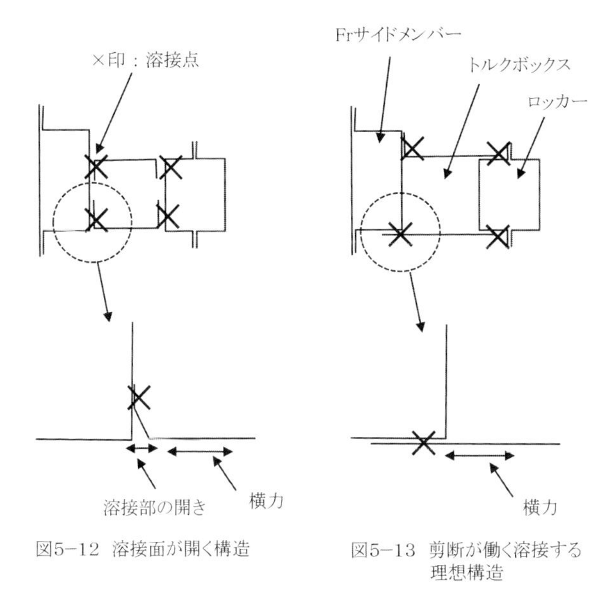

図5−12　溶接面が開く構造

図5−13　剪断が働く溶接する理想構造

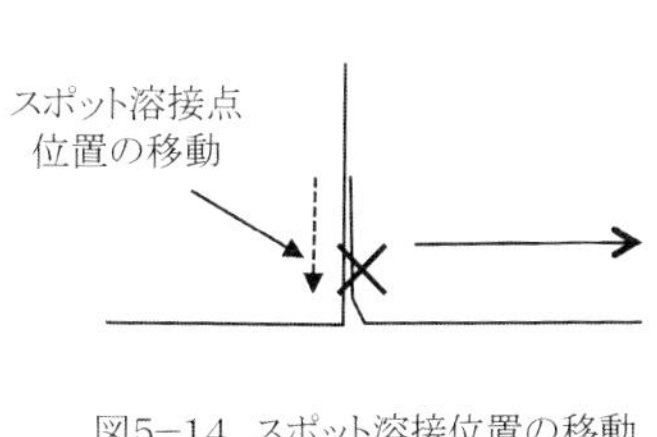

図5−14　スポット溶接位置の移動

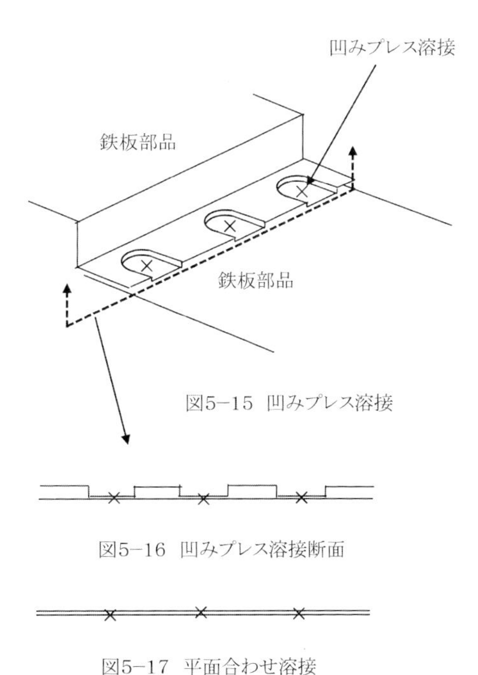

図5−15　凹みプレス溶接

図5−16　凹みプレス溶接断面

図5−17　平面合わせ溶接

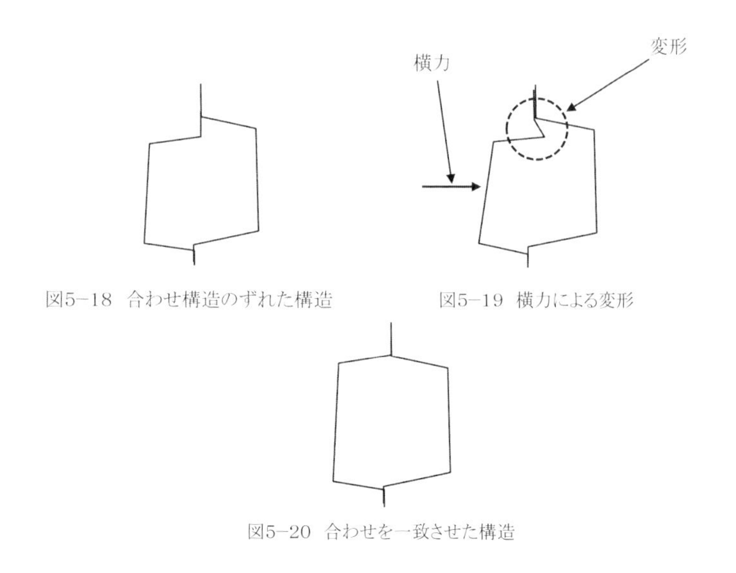

図5−18　合わせ構造のずれた構造

図5−19　横力による変形

図5−20　合わせを一致させた構造

形と弾性をわざわざ持たせる悪い構造である。ボデーは鉄板の面を図5-17のように平面でぴったり合わせてスポット溶接するのがボデー剛性を高くする基本である。

矩形断面を2枚の鉄板で構成する場合、図5-18のように溶接部品の合わせ構造がずれている車もあるが、合わせ構造がずれると図5-19のように横力がかかった場合には鉄板の合わせ面で変形が起こりやすくなる。走行性能を重視しているメーカーは図5-20のように基本に忠実に、力のかかる面を合わせて溶接している。

5.5　バンパーリーンフォースの結合ボルト数による変化

一般的にFrサイドメンバーとRrサイドメンバーの先端には衝突安全対策としてバンパーリーンフォースがボルトで結合さている。図5-21に示すようにバンパーリーンフォースとサイドメンバーの結合ボルトの数を増加すると、例えば2本から3本にすると走行性能が向上する。

バンパーリーンフォースによるサイドメンバーの捻れを防止するメカニズムは、5.2のリーンフォースと同じで、サイドメンバーの先端に長い棒状の矩形断面の構造物を結合し捻

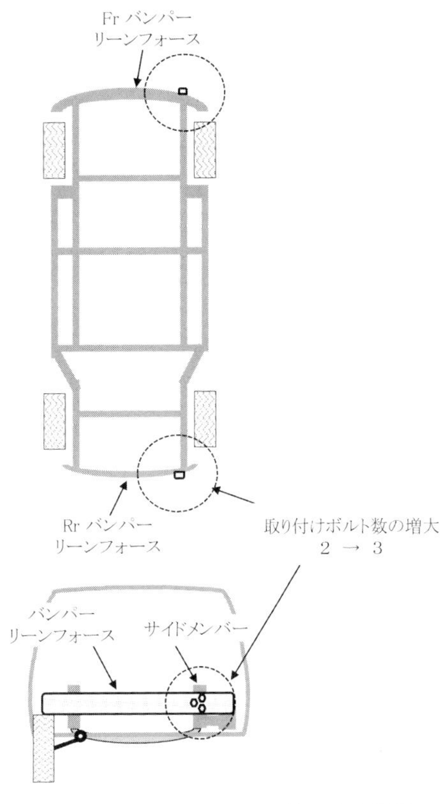

図5−21　バンパーリーンフォースとサイドメンバー結合ボルト数増加

れを防止する。バンパーリーンフォースは衝突に耐えるための部品なので十分な断面積と剛性が確保されており、もう一つのキーポイントはサイドメンバーとリーンフォースを堅固に結合することである。ボルト数を増加させるとその分結合が堅固になりサイドメンバーの捻れの防止効果が増大する。

Frバンパーリーンフォースのボルト数を増加するとドライバーの感覚として「ステアリングフィールの向上」、「正確な操舵感」が感じられ、一方Rrバンパーリーンフォースのボルト数を増加すると「Rrのしっかり感の増加」、「安定性の向上」などの感覚が得られる。

5.6 サイドメンバーとサブフレームの結合剛性について

図5-22に示すようにサスペンションは部品の組付性を考慮して、一般的にサブフレームというボデー部品に取り付けられ、そのサブフレームがサイドメンバーにボルトで結合されている。この結合部分の剛性が高いほど走行性能は向上する。サブフレームの先端を溶接されたボデーとの結合部にボルトを通しサイドメンバーに締付けられるが、結合部が細いとタイヤに横力が作用した時、図5-23のように曲がったり、サイドメンバーの接合面が凹み変形し傾きが大きくなる。これはサイドメンバーが捩れることと同等で、その結果サブフレームに結合されているロアアームやタイヤが傾くことになる。

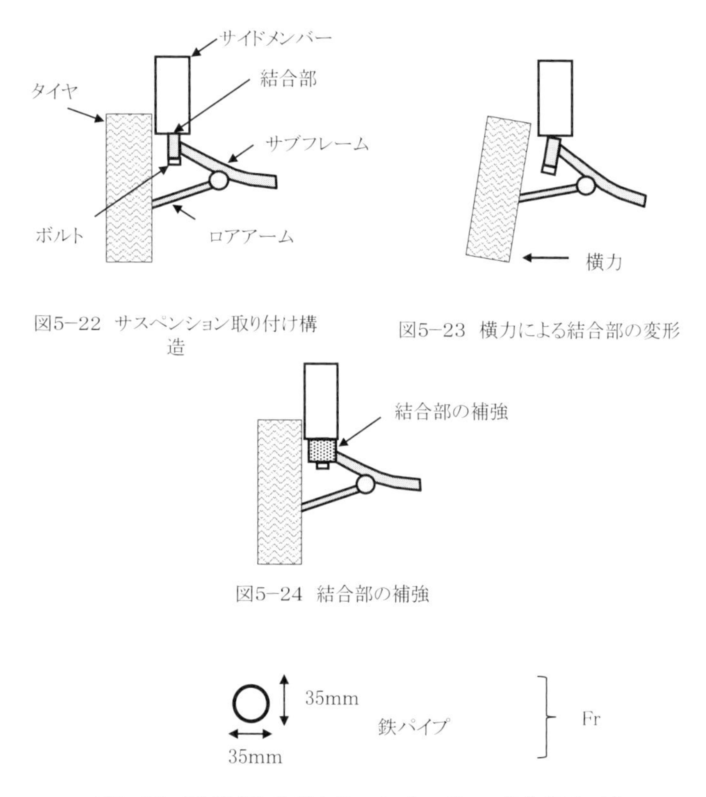

図5−22 サスペンション取り付け構造

図5−23 横力による結合部の変形

図5−24 結合部の補強

図5−25 走行性能に注意を払っていない車のFr結合部面の例

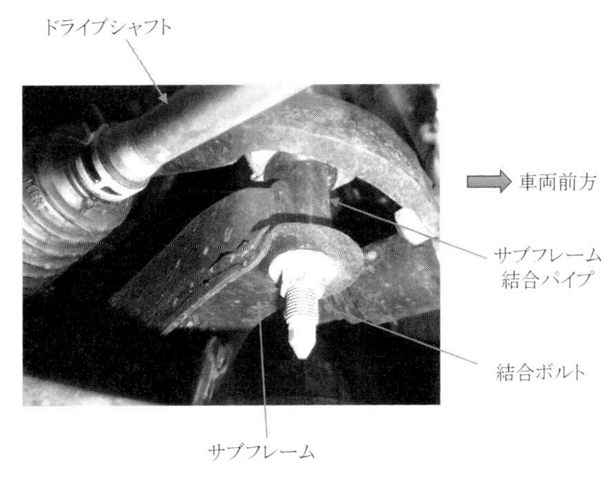

図5−26　サブフレーム結合パイプと結合ボルト(トヨタヴォクシー)

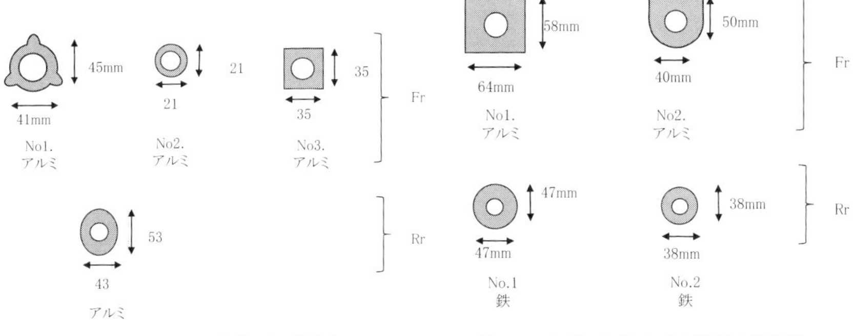

図5−27　BMW　335i(6代目)の結合部

図5−28　日産スカイライン(12代目)の結合部

車のこの結合部を図5-24のように太く補強すると結合部の傾き変形、つまりタイヤの傾きを小さくすることができ、ステアリングフィールが向上しドライバーは「ダイレクトな操舵フィーリング」、「正確な操舵フィーリング」などを感じるようになる。

サブフレームとサイドメンバーを結合する部分に、走行性能の観点から注意を払っていない車は図5-25、図5-26に示す単なる鉄のパイプを使用しているのに対し、走行性能が優れた車は広い面積で結合する工夫された形状を採用している。走行性能の良いとされる車の例として図5-27にBMW、図5-28に日産スカイラインの結合面形状を示す。両車とも接合面積が大きく、太くて剛性のある断面を有している。

5.7 Frサイドメンバーの補強バー

Frサイドメンバーの捻れ変形を防止する他の方法として、補強バーでサイドメンバーを結合すると効果がある。どの位置で結合しても効果はあるが、サブフレームとFrサイドメンバーの結合ボルトを利用して取り付けると、サブフレームの変形も減少することができ効果が大きくなる。図5-29にその位置の平面視を、図5-30に後ろから見た図をを示す。サイドメンバーの捻れ変形や結合部の変形が防止されるため、横力がかかった時のタイヤの傾きを小さくすることができ、5.5と同様ドライバーは「ステアリングフィールの向上」、「ダイレクト感の向上」を感じるようになる。

真っすぐに補強バーを通すのが最も効果があるが、このバーを配置する場所はエンジンのオイルパンやトランスミッションのオイルパンなどの、動く部品との干渉を防止したり、

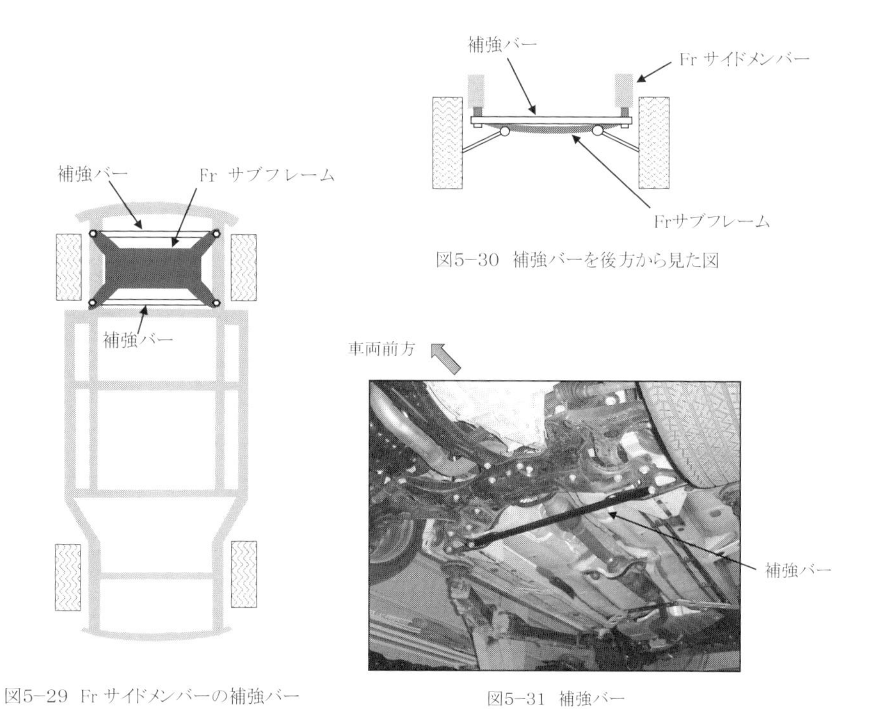

図5−29 Fr サイドメンバーの補強バー

図5−30 補強バーを後方から見た図

図5−31 補強バー

低い位置なので、走行中道路面との接触を避けるには曲げて配置せざるを得ない場合が多い。効率は落ちるが、曲がっていても補強バーを設定することは走行性能向上に大きな効果がある場合が多い。

図5-31に補強バーの例を示す。Frサイドメンバーの最後端を結合したもので、大きな効果が得られる。注意点としては、サブフレームを結合するボルトと同時締付をおこなう場合、ボルトゆるみの原因になりやすいので、ゆるみ防止の設計的工夫が必要である。

5.8　サブフレーム補強プレート

図5-32にFrとRrのサブフレームを補強するプレートを示し、A部のFrサブフレームの補強の詳細を図5-33、図5-34に示す。Frの結合部補強プレートは一般的に装着されている車が多いが、この部品の大きさを大きくしたり、鉄板であれば板厚を厚くしたり、アルミダイキャストに変更するとFrサイドメンバーとサブフレームの結合剛性が増加し、

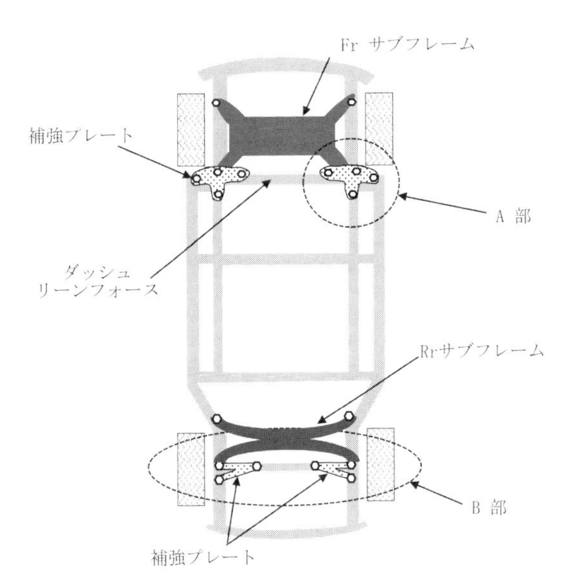

図5−32　サブフレーム補強プレート
（アンダーボデーを下側から見た図）

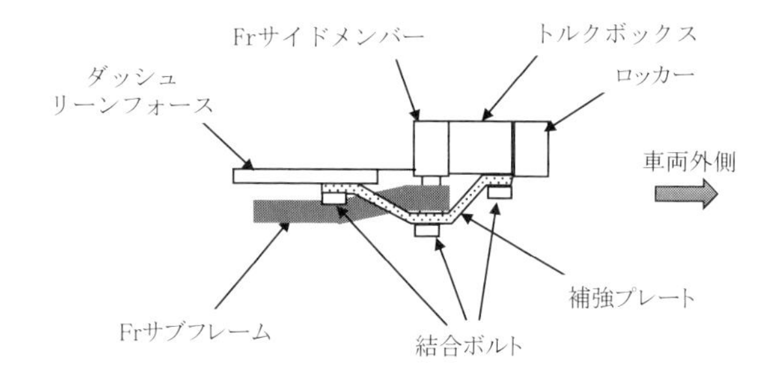

図5−33　サブフレーム補強プレート詳細（A部）

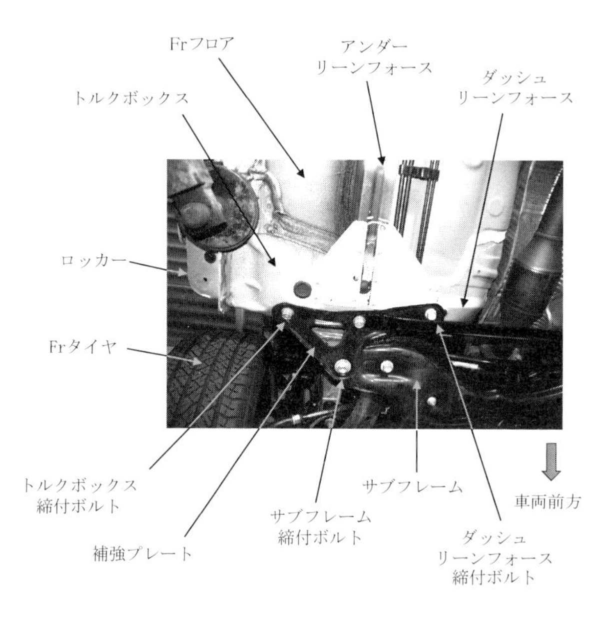

図5−34　サブフレーム補強プレート例写真（A部）

5.6や5.7の方法と同様にドライバーは「ステアリングフィールが向上する」、「ダイレクト感が増加する」などの感覚が得られる。Frサイドメンバーの捻れ変形や結合部の変形が防止されるため、タイヤの傾きを小さくすることができることによるものである。Frサイドメンバーの捻れを防止する効果以外に、車両外側の補強プレートのボルトを極力ロッカー

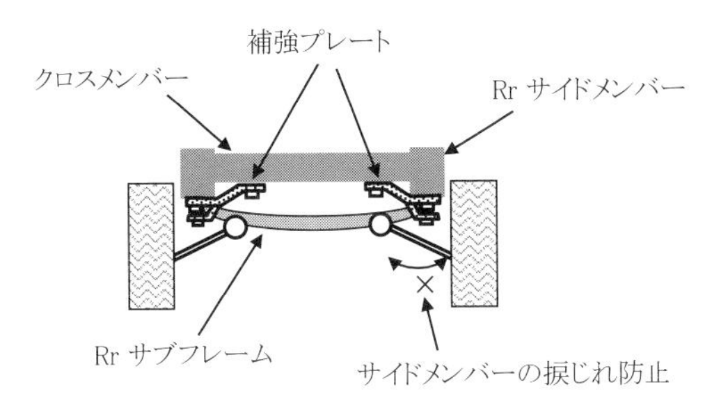

図5−35 Rrサイドメンバーの補強プレート（B部）

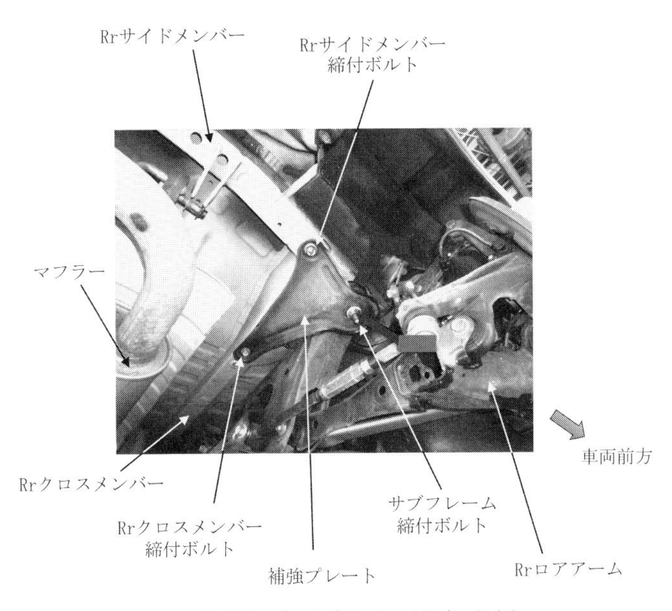

図5−36 Rrサイドメンバーの補強プレート写真（B部）

に近づけて結合すると、トルクボックスの補強効果も得られるので、Frタイヤへの横力がRrタイヤへ伝わりやすくなり、操舵した時に機敏かつ安定した走行性能が得られる。
一方、Rrサイドメンバーの捩れ変形防止の構造であるB部の詳細を図5-35、図5-36に示す。RrサイドメンバーとRrサブフレームの結合部を補強プレートでクロスメンバーと結合すると、かすがい効果によりタイヤに作用する横力によるRrサイドメンバーの捻れが防止されRrタイヤの傾きが小さくなる。その効果によりドライバーは「安定性がある」、「安心感がある」、「Rrがしっかりしている」などの感覚が得られる。

Rrサブフレームの4点結合のうち後ろの2点については補強プレートを取り付けるボデー骨格があり補強できる場合が多いが、前側の2点については補強プレートを取り付けるボデー骨格がない場合が多く、設定できない場合がある。しかし後ろ側だけ補強しても十分効果を感じることができる。

5.9　わずかな工夫で骨格の捩れ変形を防止できる例

サイドメンバーの上面か下面に補強プレートを設定し、かすがい効果か筋交い効果が得られるように結合すれば剛性が向上し、走行性能が向上する。その例を紹介する。

図5-37に示すようにRrボデーとRrバンパーリーンフォースを補強プレートで結合すると、Rrボデーの剛性が向上し同様な効果が得られる。Rrサイドメンバーの捻れを防止するRrバンパーリーンフォースが変形しにくくなるからと推測される。ただし、Rrバンパーリーンフォースはボデーを軽衝突から保護する部品でもあり、衝撃荷重が入ると補強プレートを介してその荷重がボデーに伝わり破損するので、補強プレートをクラッシャブルな設計にする必要がある。

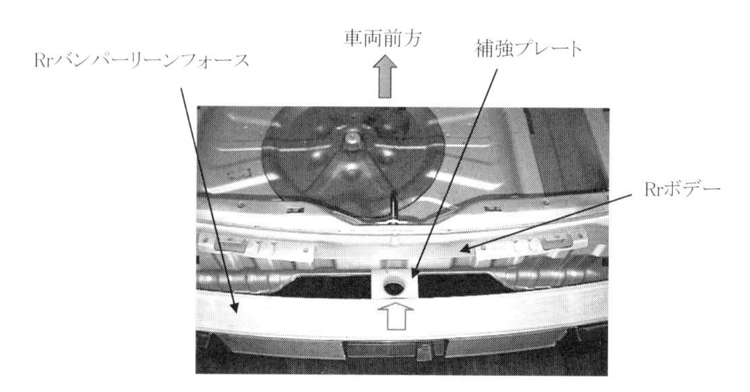

図5−37　バンパーリーンフォースとサイドメンバーの結合プレート

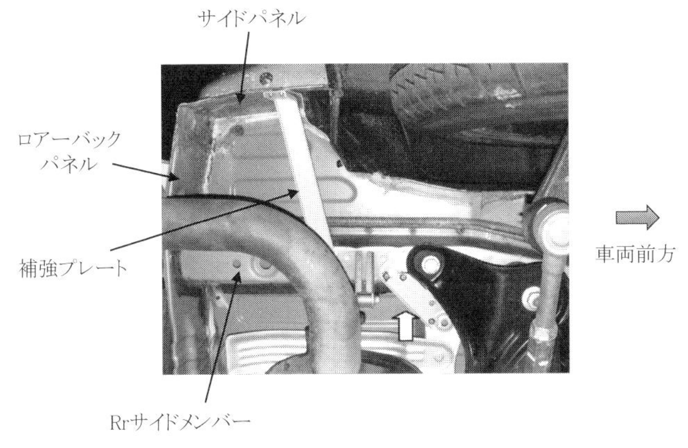

図5−38　Rrサイドメンバーとサイドパネルの結合プレート

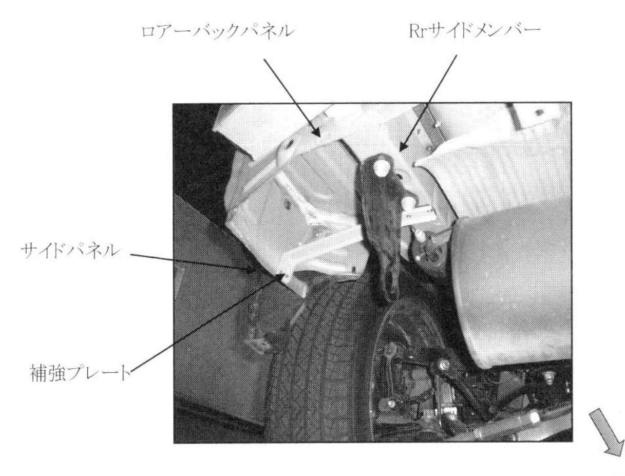

図5−39　Rrサイドメンバーとサイドパネルの結合プレート

図5-38はRrアンダーボデーの右後端を下から見た図で、図5-39はRrアンダーボデーの左後端を斜め下から見た図を示す。Rrサイドメンバー下端とサイドパネルを補強プレートで結合すると、ドライバーは「安定性がある」、「安心感がある」、「Rrがしっかりしている」などの言葉で表せる感覚が得られる。

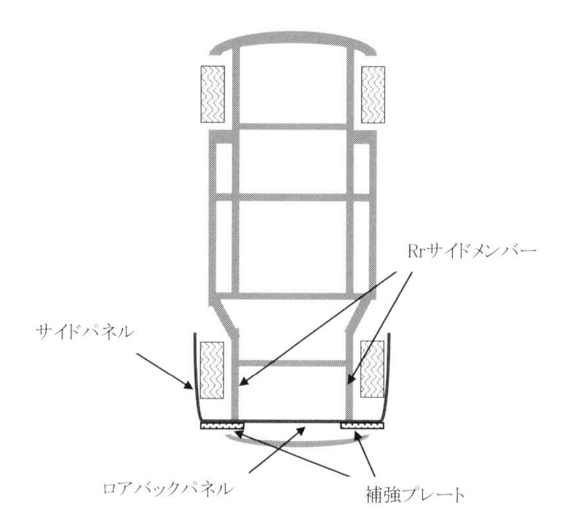

図5−40　ロアバックパネルの補強プレート

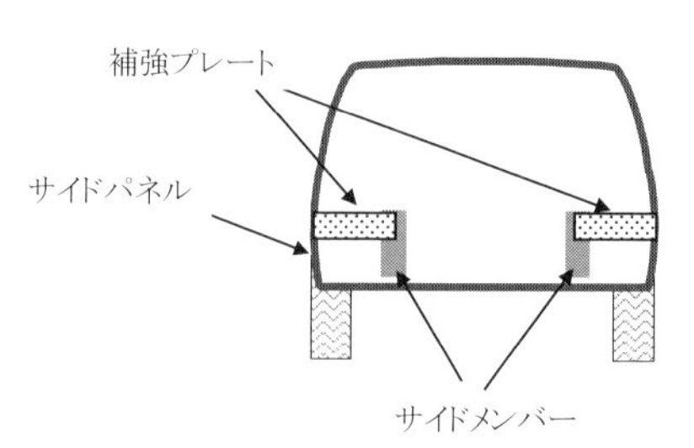

図5−41　補強プレート（図5−40の後方視）

サイドパネルは図に示すように剛性が高い部品とは言えず、補強プレートもリブをたてたコの字断面ではあるものの薄い鉄板である。それでもサイドメンバーの捻り変形を防止する効果がある。

わずかな補強でRrサイドメンバーの捻れ変形を防止する方法として図5-40に示すRrのロアバックパネルに補強プレートを溶接する方法がある。

車室の内外は1mm以下の鉄板で作られたロアバックパネルという部品で分離されており、ロアバックパネルはRrサイドメンバーの後端とサイドパネルという外板に溶接されている。図5-41は図5-40を後ろから見た図で、この図のようにサイドメンバーとサイドパネ

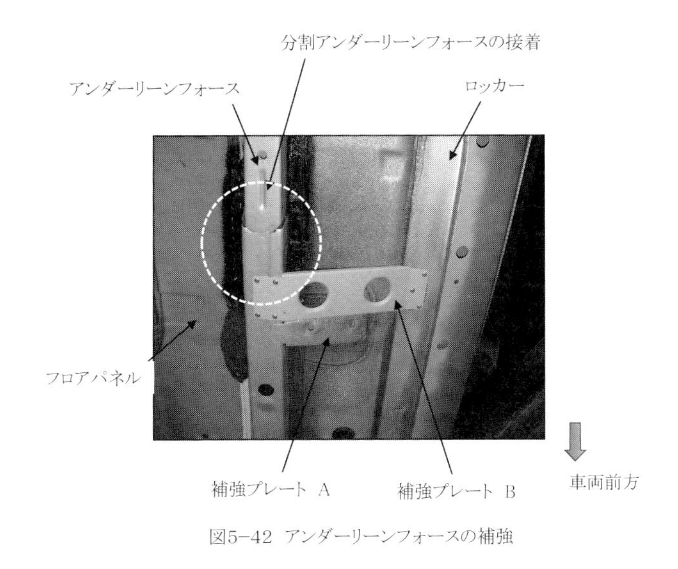

図5-42 アンダーリーンフォースの補強

ルを結合するように補強プレートをロアバックパネルと溶接すると、サイドメンバーの捻れが防止される。サイドパネルとロアバックパネルは溶接され角形状になっているため板厚が薄くても剛性は高く、そこにRrサイドメンバーからの補強プレートを溶接するとロアバックプレート内でかすがい効果、および筋交いの効果が働き、Rrサイドメンバーの捻れをサイドパネル構造が防止する役割を果たす。

効果は他の方法でRrサイドメンバーの捻れを防止した場合と同様で、ドライバーは「安定性がある」、「安心感がある」、「しっかりしている」などの感覚が得られる。

Cntボデーのアンダーリーンフォースに補強プレートを追加した写真を図5-42に示す。

補強プレートAを溶接することによりアンダーリーンフォースの捻りを防止することができるが、かすがい効果を得るための溶接相手部品が1mm以下の厚さの鉄板フロアパネル面であるため効果が小さい。補強プレートBのようにロッカーと結合するとその効果は大きい。ボデーCnt部の補強はステアリングフィールや安定性の効果は少ないが、路面から入力する振動が増幅されにくく「高級感、質感のある乗り心地」を乗員は感じることができる。

図5-42のアンダーリーンフォースは分割タイプで白い破線の円で示した部分が接合部

であり、スポット溶接1点で結合されている。この隙間に接着剤を充填するとステアリングフィールが向上する。アンダーリーンフォースはFrサイドメンバーと溶接結合されており、タイヤの横力によるFrサイドメンバーの捻れ変形をリーンフォース全体で防止する役目を持っている。分割アンダーリーンフォースの分割点の剛性が接着により高くなると、Frサイドメンバーの捻り変形防止効果が大きくなり、ステアリングフィールが改善される。この車の場合分割点はFrサイドメンバーの50cm以上後方で、図のように1辺50mmの細い正方形形状の骨格であるが、その結合剛性を高めても効果がある。この事実から少しのボデー剛性を高めることでも走行性能への影響がいかに大きいかが理解できる。もちろん分割しないで一体のアンダーリーンフォースの方が望ましい。

5.10 Frサイドメンバーの平面変形防止

Frサイドメンバーの平面変形を防止する効率の良い方法として、図5-43、図5-44

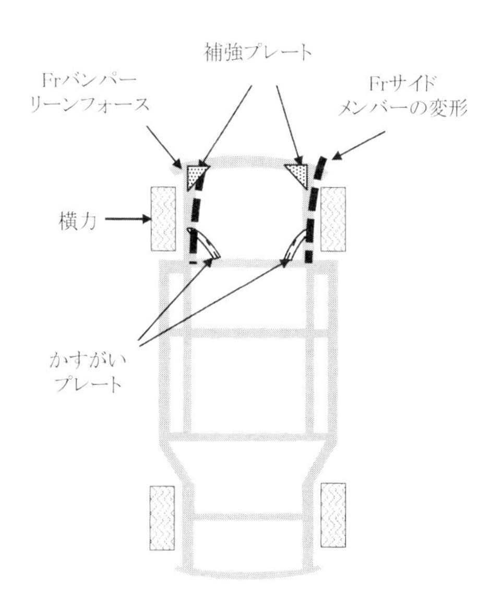

図5−43 Fr部の変形を防止する補強プレート、かすがいプレート

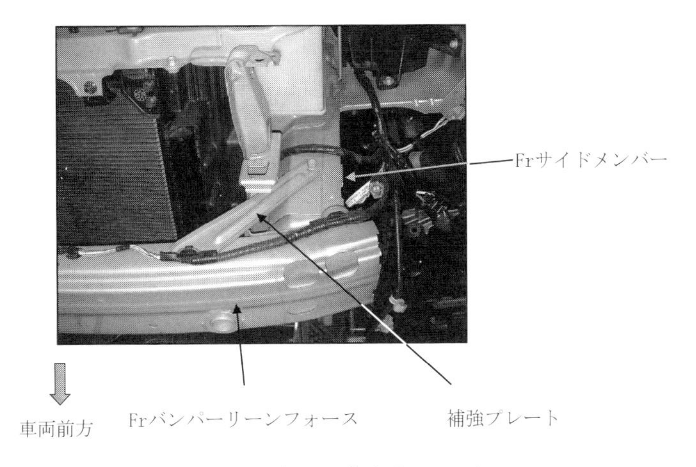

図5−44　Fr部の変形を防止する補強プレート写真

に示すようにFrバンパーリーンフォースとサイドメンバー結合部に補強プレートを設定する方法がある。かすがい効果によりエンジンルームのはしご状骨格構造の平面変形を防止することができるためである。この補強プレートは平面変形を防止すると同時に図5-5の結合ボルト数の増加と同様、Frサイドメンバーの捻れ防止の効果も持っていると考えられる。ドライバーの感覚として「正確な操舵感」が感じられる。

また走行性能の良いとされる車には、サイドメンバーとセンターボデーの結合部に、図5-43に示すかすがいプレートを設定し、骨格構造の変形を防止した車（BMWや日産）もある。堅固な鉄板ではなく、適切な板厚の鉄板を用いて弾性を持たせることにより急激に旋回するのではなく、しなやかに旋回するステアフィーリングになるよう工夫されている。

5.11　Rrサイドメンバーの平面変形防止

Rrサイドメンバーの平面変形防止には、図5-45、図5-46に示すようにRrサイドメンバーとRrクロスメンバーの結合部に補強プレートを設定する方法があり、かすがい効果によりRrボデーのはしご状骨格構造の変形を防止する効果がある。Frのかすがい補

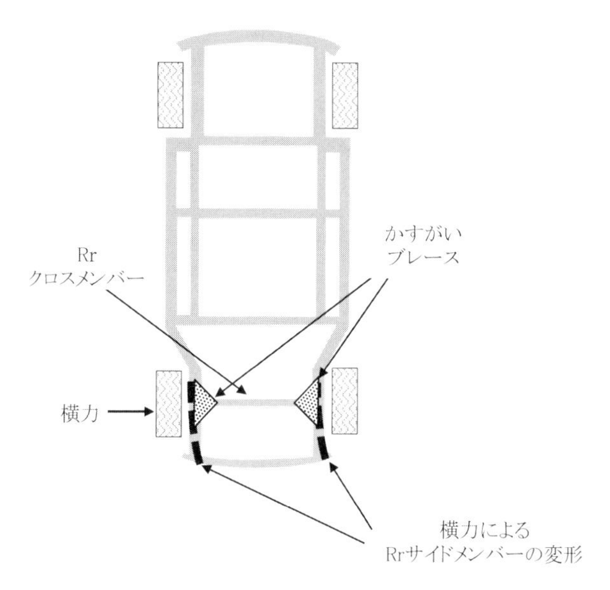

図5−45　Rrボデー変形を防止するかすがいブレース

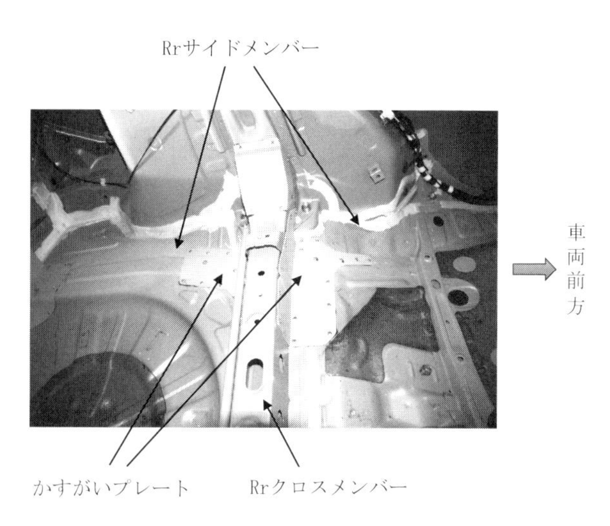

図5−46　Rrボデー変形を防止するかすがいプレート写真

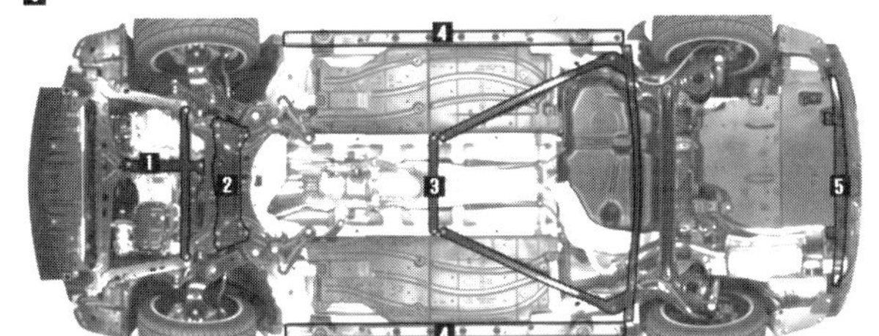

図5−47　様々なボデー剛性アップ部品

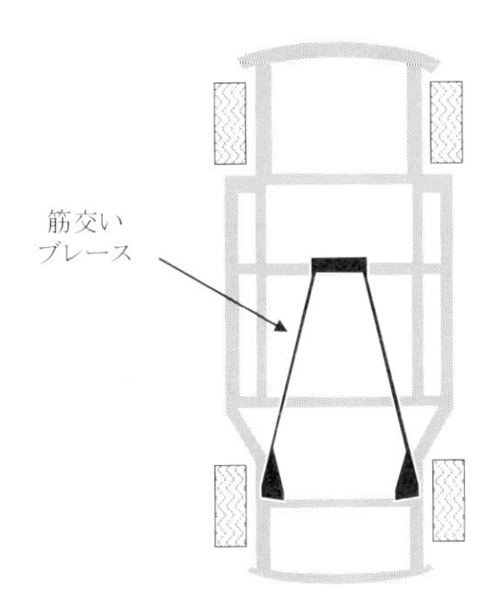

図5−48　ボデー全体の変形を防止する筋交いブレース

強プレートと同様、平面変形だけでなく捻り変形を防止する効果もあると考えられる。ドライバーは「安定性がある」、「安心感がある」、「しっかりしている」などの感覚が得られる。また凹凸路などでは横ゆれが減少し、上下振動だけになる効果も得られる。

ボデー全体の剛性が低い車では他にも図5-47のように様々な補強部材を装着すればするほどボデー剛性向上の効果があるが、ボデー全体の平面変形を防ぐ方法として図5-47のNo.3の筋交いブレース(図5-48)を設定することで特に大きな効果が得られる。局所的なかすがい効果ではなく大きなスケールの筋交い効果によるもので、カスタマイ

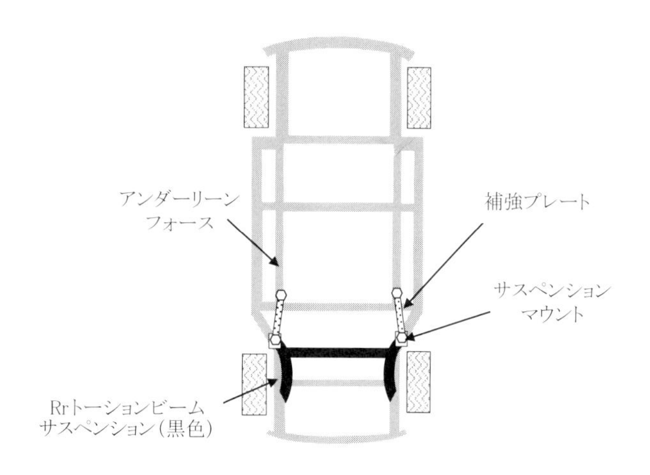

図5−49　Rrトーションビームサスペンションマウント補強プレート

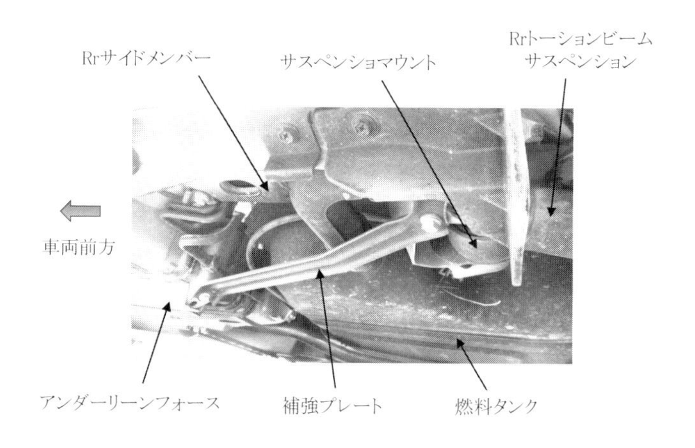

図5−50　Rrトーションビームサスペンションマウント補強プレート(トヨタアリオン)

ズ商品として様々なメーカーから製造販売されている。

ドライバーはRrの安定性や安心感はもちろん、車全体のねじれるような動きや横方向の動きが小さくなるため、揺れや振動の少ない上質で洗練された乗り心地が得られる。

またRrトーションビームサスペンションを採用している車で、図5-49、図5-50に示す

Rrサイドメンバーに結合されているサスペンションマウントとアンダーリーンフォースの後端を、プレートで結ぶとRrの安定性が向上する。サスペンション剛性とボデー後部の変形がかすがい効果や筋交い効果により減少したからと考えられる。

5.12　ステアリング系の剛性

アンダーボデーの構造が車両走行性能に最も影響を及ぼすが、ステアリング系構造物の剛性もステアリングフィールの良悪に大きく影響する。

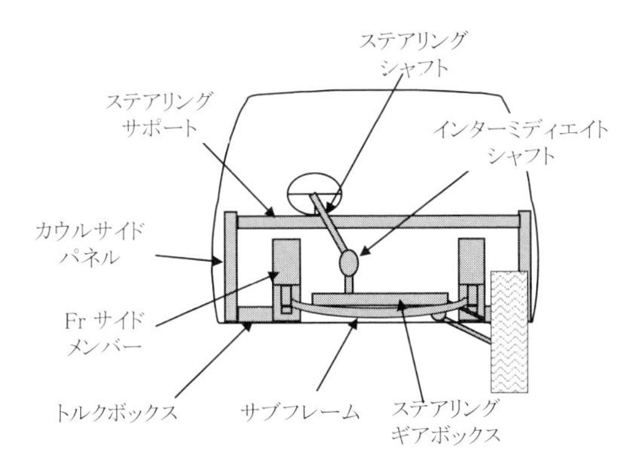

図5−51　ステアリングシステム

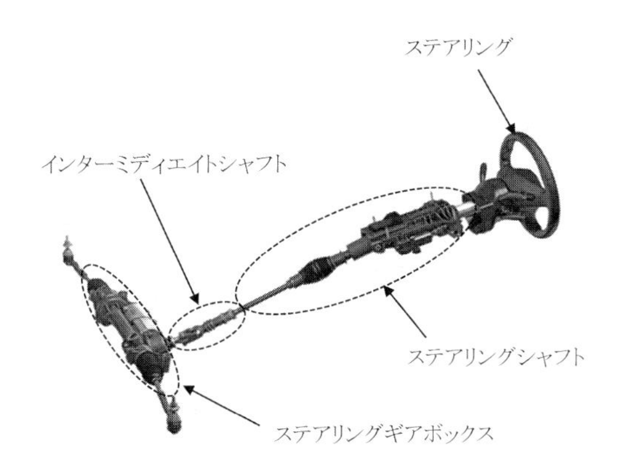

図5−52　ステアリングとギアボックス

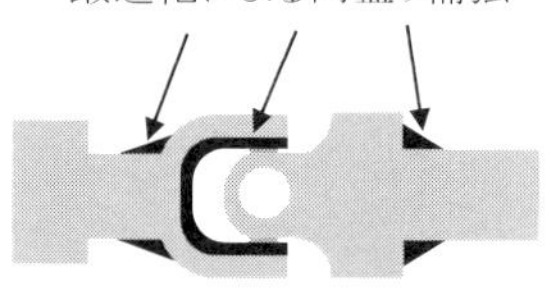

図5−53　インターミディエイトシャフトの剛性向上

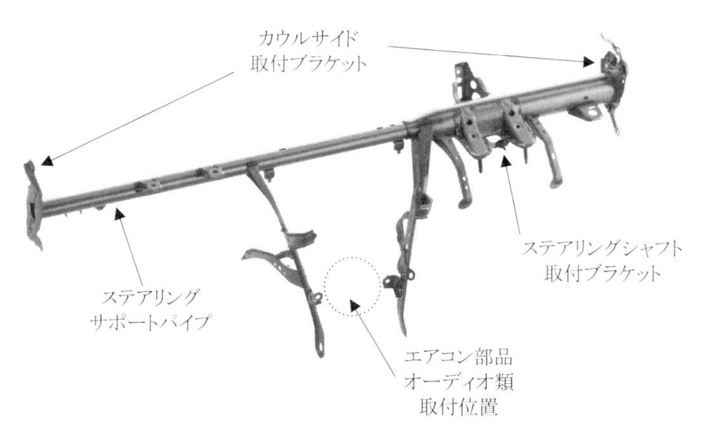

図5−54　ステアリングサポート(2)

ステアリングシステムは図5-51、図5-52に示す構造物で構成される。ステアリングを回した時タイヤから構造物が受ける反力はステアリングシャフト→インターミディエイトシャフト→ステアリングギアボックス→サブフレーム→Frサイドメンバー→トルクボックス→カウルサイドパネル→ステアリングサポート→ステアリングシャフトの閉ループである。ステアリング構造物の剛性が高いほど、ステアリングを回したときに生じるシステムの変形に要する時間が短くなり、タイヤの方向を素早く変えることができる。ドライバーの感覚としては「ステアリングフィールの向上」、「正確な操舵感」、「ダイレクトな操舵感」が感じられる。

それぞれの部品の鉄板の板厚を増せば剛性は高くなるが、質量が増大するのでむやみに板厚増大はできない。極力質量増大を回避しながら剛性を高くするには、これまで説明してきたボデー剛性向上の例で示すようにかすがい効果を利用することが有効である。

剛性を高める方法として、インターミディエイトシャフトの構造を例に説明する。

インターミディエイトシャフトとは、ステアリングの回転を伝えるステアリングシャフトと、タイヤの方向を変えるため往復直線運動するステアリングギアボックスのオフセットを解消するユニバーサルジョイントで、形状の工夫により質量をそれほど増大することなく剛性を高めることができる。図5-53に示すように変形が発生しそうなところに鉄で肉盛りをすると変形が防止され剛性が高くなる。コストダウンの目的で鉄板をプレスし溶接したインターミディエイトシャフトを採用する自動車メーカーもあるが、この場合はプレス品を鍛造品に変更しただけでも剛性を高める効果がある。

客室を構成するCntボデーの両端（カウルサイドパネル）を結合するステアリングサポート（図5-54）はドライバー席の前に配置され、そこにステアリングシャフトが組付られる。一般的に鉄パイプで構成され、直径が大きく板厚が厚いほど剛性は高くなる。

筆者は車を開発している時、このパイプの中に発泡樹脂を封入して硬化させ、剛性を大幅に高めて評価したことがある。これを搭載した車のステアリングフィール向上の効果は大変大きく、ステリングフィールが正確でダイレクトになることはもちろん、ワインディングロードなどで左右交互にステアリングを回転させる場合、その車の旋回に必要なステアリング回転角度が2／3以下に小さくなった。少ないステアリング舵角で操作に対してタイムラグがなく旋回できるため、車のローリングが少なく傾斜しないため「道路にぺったり貼付いて走る」感覚になった。

残念ながら設計上、生産上困難な点が多く、実際販売する車に搭載することはできなかったが、ステアリングフィールの向上効果は劇的なものであった。このようにステアリングサポートの剛性はステアリングフィールに大きな影響を与えるため、たとえばフォルクスワーゲンやアウディは矩形断面の板厚が厚いアルミ部品を採用し、剛性を大きく高めている。

図5-55、図5-56に示すようにステアリングギアボックスはFrサブフレームにボルトで組付られているが、その結合方法によっても剛性が変わりステリングフィールが変化する。

サブフレームは鉄製の場合、上下の鉄板で構成された空洞構造になっているが、ステアリングギアボックスをボルトで締結する場合、図5-57に示すように上面の1枚の鉄板

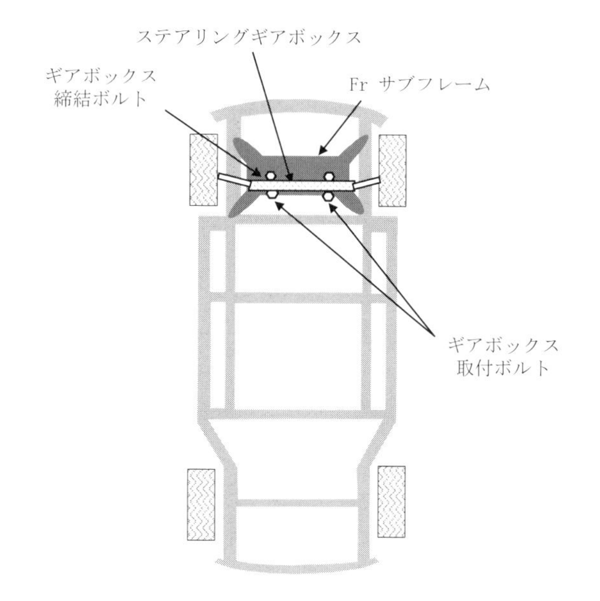

図5−55　ギアボックスのFrサイドメンバーへの締結

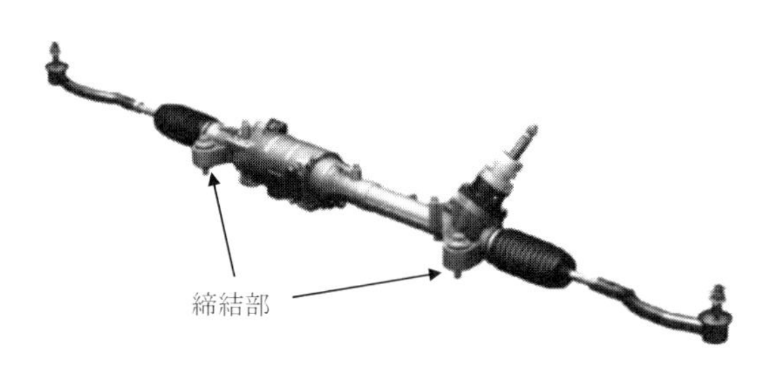

図5−56　ステリングギアボックスのサブフレームへの締結部

だけに締結する場合と、図5-58に示すように上下の鉄板の間にカラーを入れ2枚の鉄板に締結する場合とでステアリングフィールは随分異なる。もちろん2枚の鉄板に締結する図5-58の構造の方が操舵応答性や操舵の正確さが優れている。上面だけに締め付けると、操舵してギアボックスに反力がかかった時、図5-57の破線に示すように上面の鉄板が変形するのに対し、上下2枚に締結すると変形が少なくなり結合剛性が向上

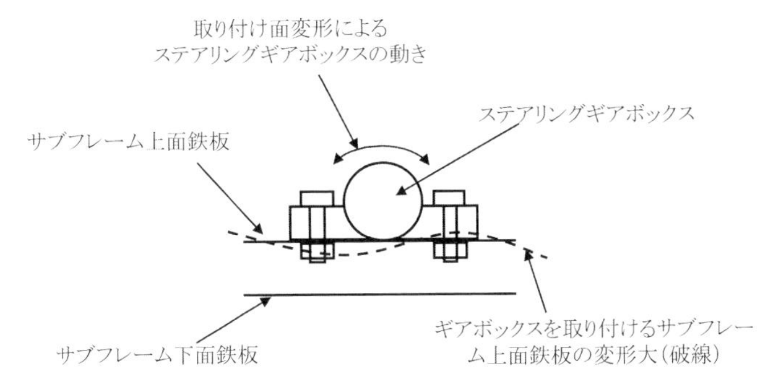

図5−57　ステアリングギアボックスをサブフレーム上面鉄板だけに締結した場合

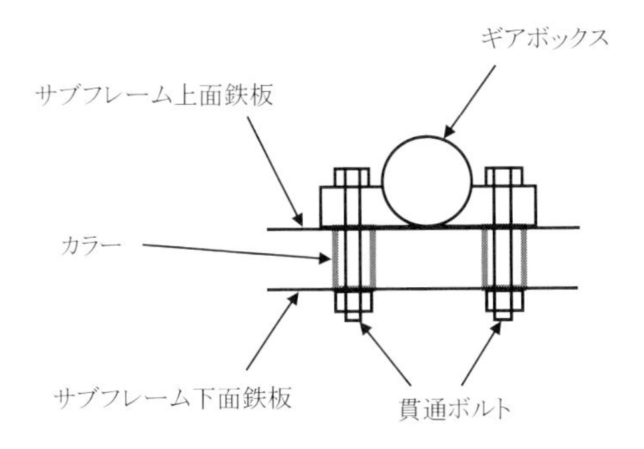

図5−58　ステアリンギアボックスを貫通ボルトでサブフレーム上下両面に結合した場合

するからだと考えられる。走行性能の向上効果としてドライバーは「ステアリングフィールの向上」、「正確な操舵感」が得られる。

サスペンションを支えるボデーの剛性を高めることにより、走行性能を向上することができる。

図5-59に示すようにマクファーソンストラット式のFrサスペンションの上部はサスペンションタワーに組付られ、サスペンションタワー上部はCntボデーのカウルサイドパネルから突き出たアッパーメンバーに溶接されている。アッパーメンバーの断面積はFrサイドメンバーに比べて小さく剛性が小さいことと、先端に強固な構造物はなく変形しやすい。

カウルサイドパネルとアッパーメンバーの接合部分を図5-59の補強バー等で補強する

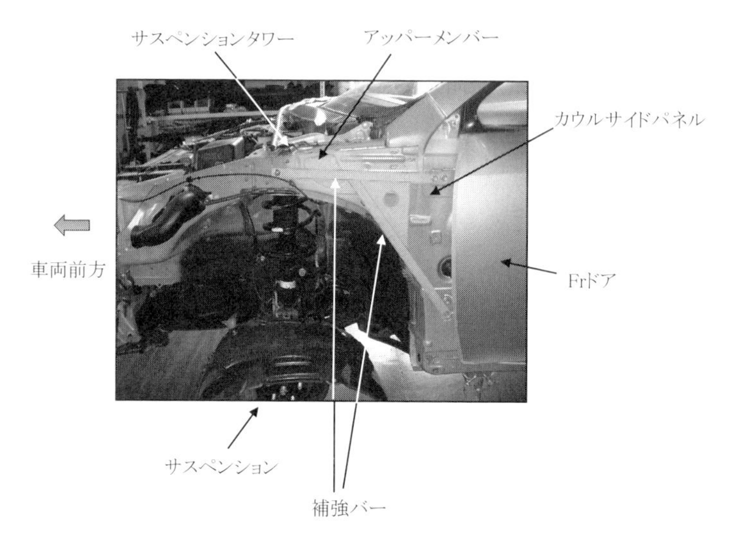

図5−59　サスペンションタワーの補強

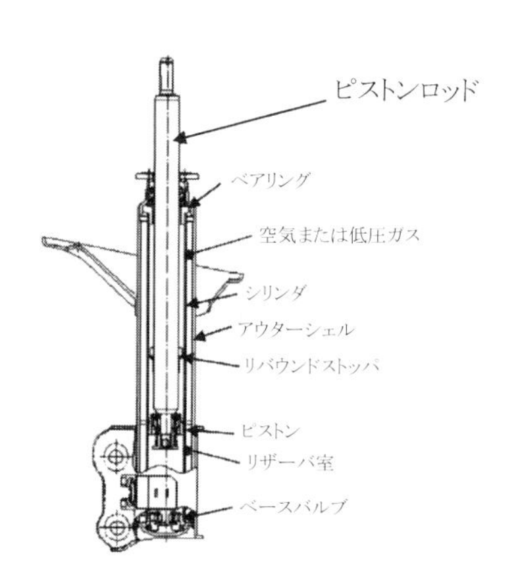

図5−60　マクファーソンストラット式ショックアブソーバー

とドライバーは「ステアリングフィールの向上」、「正確な操舵フィーリング」、「修正操舵の少なさ」を感じることができる。タイヤに横力をはじめとする外力が作用した時、サスペンション下端はサブフレームで力を受け、上端はサスペンションタワーで力を受けるため、サスペンションタワーの剛性を高めると変形が防止され上端の位置変化が少なく、設計通りの動きをして走行性能が向上すると考えられる。

ボデー剛性ではないが、マクファーソンストラット式のサスペンションの場合、図5-60に示すショックアブソーバのピストンロッドを太くするとステアリングフィールが向上する。ピストンロッドの直径を太くすることにより剛性が高くなり、横力を受けた時のロッド変形が少なくなることによるものと考えられる。一見変形しそうにもない部品と考えられがちであるが、剛性を高めると走行性能の向上を人間は感じる事ができ、測定できないような小さく微妙なボデーや部品の変形が走行性能を左右する。それらの技術を見逃すことなく積み重ねれば、優れた走行性能の車を作る事は難しくはないことが解ると思う。

5.13　ロッカーの変形について

車の最も長い骨格であるロッカーは、乗員が座るCntボデーの両側に配置されている。これは客室を構成することや車のFrとRr部分をつなぐ役割を持ち、この剛性の大きさにより走行性能や乗り心地が大きく変化する。

図5-61のように車が旋回しようとしてタイヤに横力が作用すると、ロッカーは曲げ変形を起こす。Fr部分に横力が働きその力がFrサイドメンバー→トルクボックス→ロッカー→Rrサイドメンバーに伝達され始めてRrタイヤの向きが変わり、横力が発生して車は安定した旋回横移動を開始する。

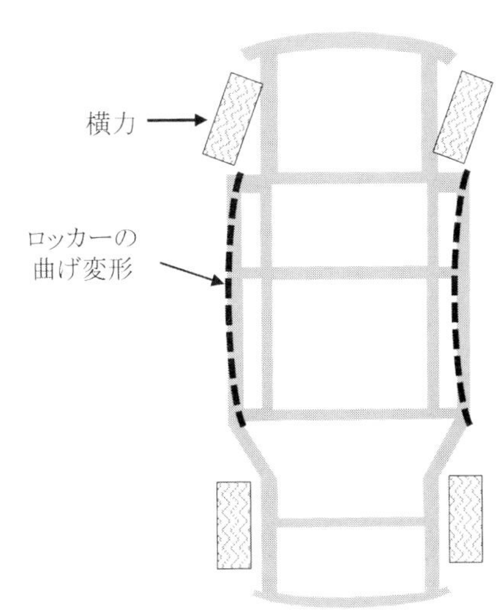

図5−61　ロッカーの曲げ変形

ロッカーが変形するにはそれに要する時間が必要で、ロッカー剛性が低く変形量が大きいと、

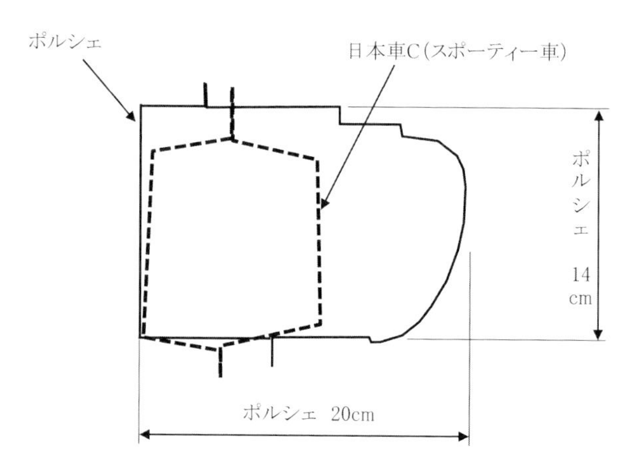

図5−62　ポルシェ911（2010年）ロッカー断面比較

Rrタイヤの向きが変わるまでの時間が長くかかり、ステアリング操作に対してRrタイヤの横力発生が遅い。それに対しロッカー剛性が高いほどRrタイヤの横力発生が早く、ドライバーはステアリングを回した時Rrがしっかり路面に固定されて旋回するような感覚になり、安心して旋回できるようになる。

ロッカーの剛性はその断面構造によるところが大きく、走行性能の良い車はロッカー構造が工夫され作られている。

図5-62はロッカー断面の測定結果で、スポーティーさを売りにしている日本車Cに対してポルシェは格段に大きく、剛性が相当高いと推測でき、走行性能の良さの大きな一因と考えられる。

走行性能の良い車のロッカーは断面積の大きいものが多いことはもちろんであるが、図5-63、図5-64、に示すようにその構造に工夫を施しているものもある。

図5-63はアウディA6の断面で、鉄板のロッカーの中に田型断面のアルミ押し出し部品がロッカーの前端から後端までリベットで組付られており、剛性は大変高いと考えられる。側面衝突安全対応のために設定されていると推測されるが、走行性能の向上にも大きく貢献している。また図5-64に示すBMW5はロッカー断面積はそれほど大きくはないが、鉄板で作られた矩形のリーンフォースが2本、ロッカーの前から後ろまでスポット

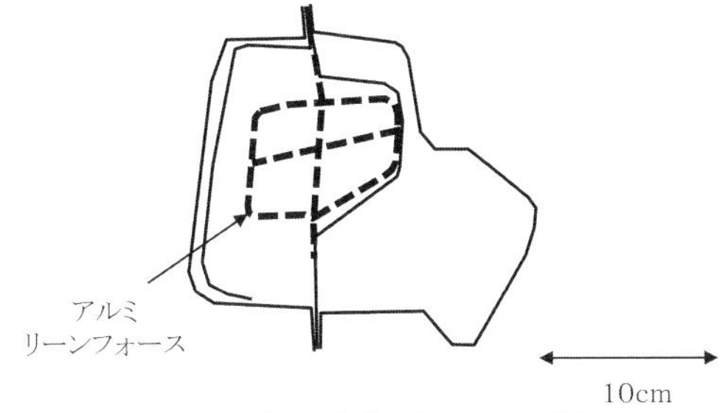

図5−63　アウディA6(3代目)のロッカー断面

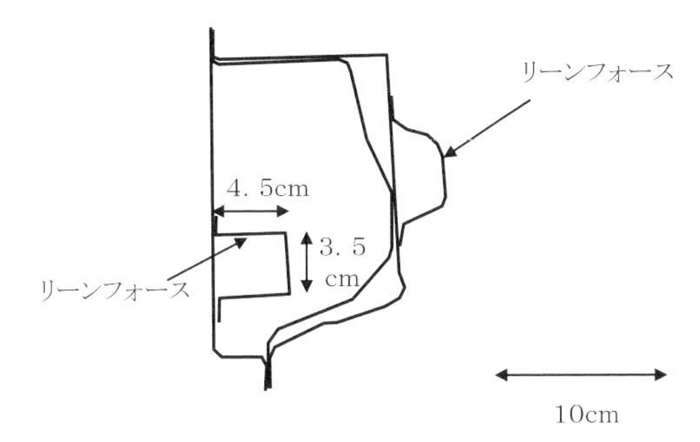

図5−64　BMW5(5代目)のロッカー断面

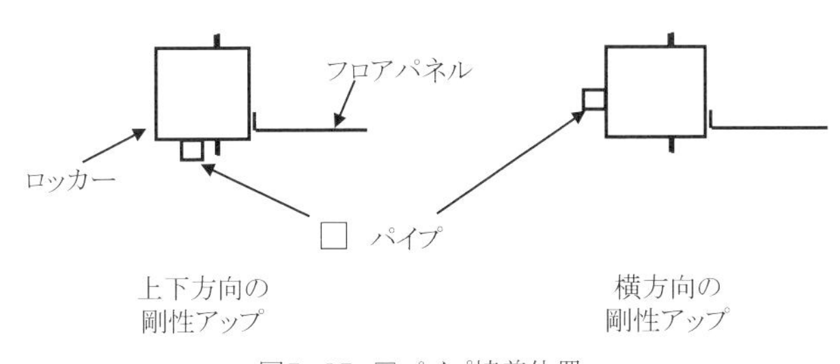

図5−65　□パイプ接着位置

溶接されており、横方向の剛性は高くなっている。

ロッカーの剛性を高めることは走行性能を向上させるが、剛性を高める方向により逆に乗り心地が悪化する場合があるので注意が必要である。

ロッカーの樹脂カバーを取り除き、図5-65のように一辺31mm、厚さ1.2mm、長さ

表5−1　ロッカー剛性向上方向とその効果

剛性アップ	無し	横剛性 アップ	上下剛性 アップ
直進安定性	ベース	良 ○	変化無し −
レーンチェンジ	ベース	良 ○	変化無し −
ステアフィール	ベース	良 ○	少し　良 △
乗り心地	ベース	少し　良 △	悪 ×

1600mmの正方形断面鉄パイプを車のロッカー鉄板の下面または横面に接着剤で貼付ける。横面にパイプを接着すると横方向のロッカー剛性が高くなり、下面にパイプを接着すると上下方向の剛性が高くなる。

表5-1にこの車を走行し評価した結果を示す。

パイプをロッカー側面に接着し横方向の剛性を高めた場合、直進安定性、レーンチェンジ性能、ステアリングフィーリングの全ての性能が向上し、乗り心地もわずかではあるが向上する。一方ロッカーの下面にパイプを接着し上下方向の剛性を高めると、ステアリングフィールがわずかに良くなるほかは向上する性能はなく、逆に乗り心地がごつごつした感覚になり悪化する。

図5-62のポルシェ、図5-63のアウディ、図5-64のBMWのロッカー断面を見ると横方向のロッカー剛性を高めることを狙いとして設計されていることが解る。

5.14　フロアパネル変形防止による乗り心地の向上

図5-66に示すように、ボデーCnt部中央にFrからRrまでフロアトンネルがある。A-A断面を図5-67に示し、フロアトンネルはフロアパネルの中央をU字型のトンネル形状に曲げ、その中に排気管やプロペラシャフトが配置されている。図5-66ではクロスメンバーは直線でつながったように簡易的に表現されているが、実際にはフロアトンネルが

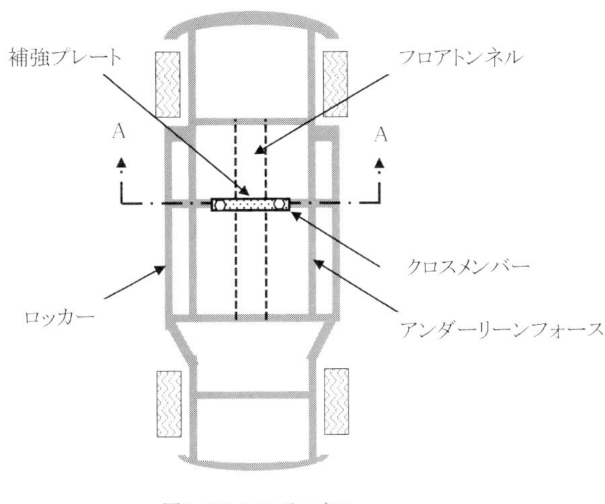

図5−66　フロアトンネル

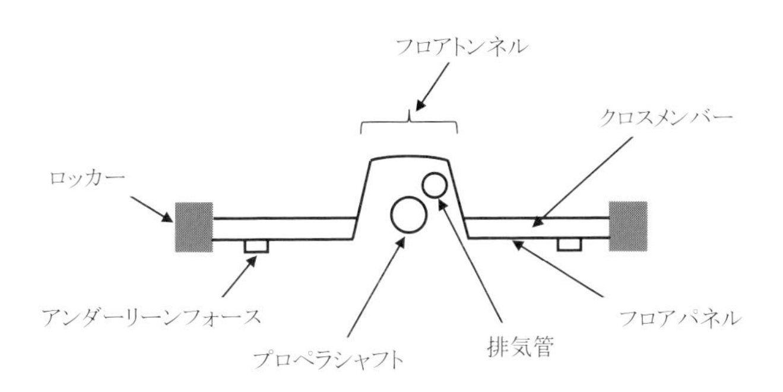

図5−67　フロアA-A断面

あるので図5-67に示すように切断されフロアトンネル部は1枚か2枚の曲がった鉄板で構成され、横方向や縦方向に対し剛性の低い構造になっている。

たとえば図5-68に示すようにボデーに横方向の力が作用するとフロアトンネル部が開閉変形を起こしたり、図5-69に示すように上下方向の力が作用するとフロアトンネル部の断面崩れ変形が起こる。

このボデー変形を減少するには図5-66、図5-70、図5-71に示すようにフロアトンネル

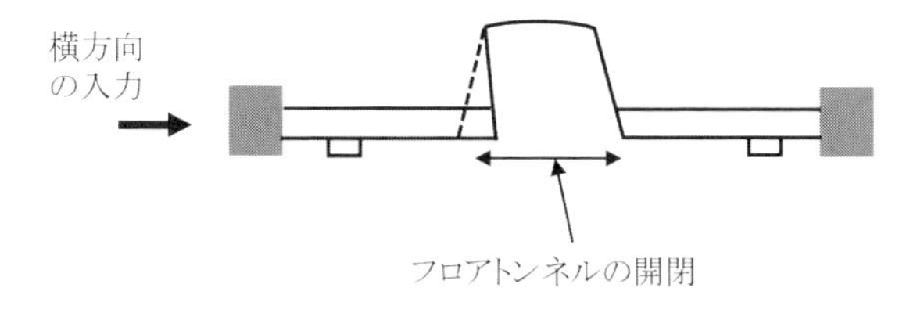

図5−68　フロアトンネルの開閉変形

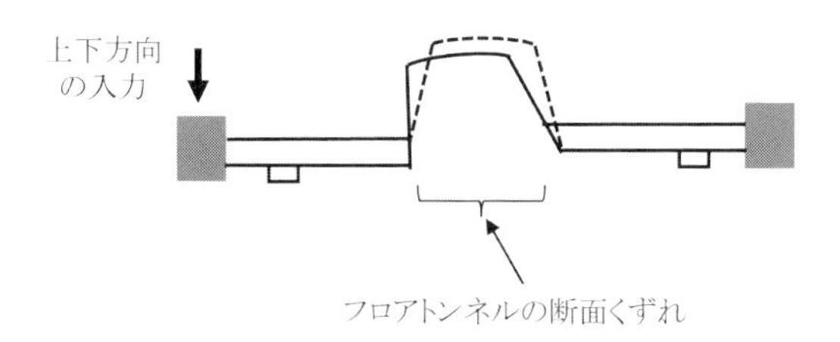

図5−69　フロアトンネル部の断面変形

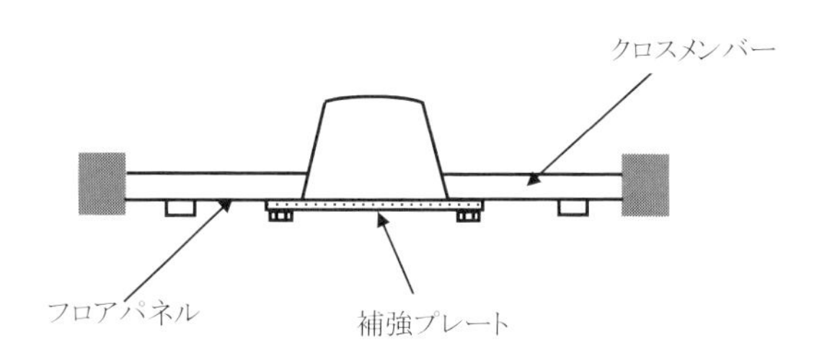

図5−70　フロアA-A断面

部をまたぐようにフロアパネルを補強プレートで結合する方法に効果がある。特に剛性の高いクロスメンバーがある位置にボルト結合すると効果が増大する。排気管やドライブシャフトの固定には同様な位置にブラケットが設定されている場合が多く、このブラケットを大きく剛性の高いものにして補強プレートとすればコストや質量を増加することなく効果が得られる。

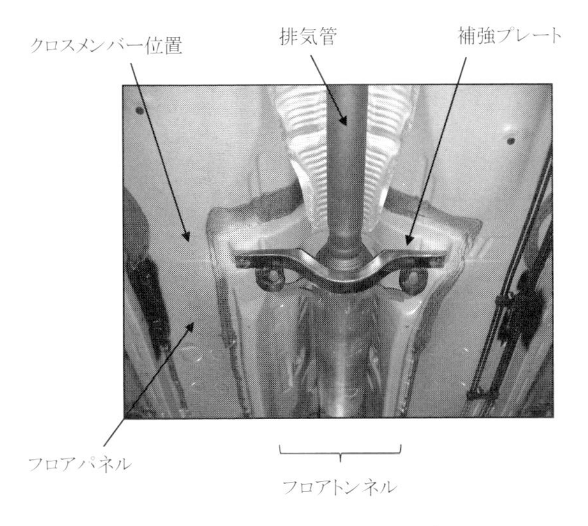

図5−71　補強プレート写真

乗り心地の向上の効果が大きく、特に不快な微振動がなくなるためドライバーは「高級感がある、質感の高い乗り心地」を感じる。図5-68、図5-69からゆっくりとしたフロアトンネル部の変形を想像されるかもしないが、実際は路面の凹凸を拾うような高周波の微振動変形を補強プレートで防止していると考えられる。もちろんステアリングを回し操舵した時にもフロアトンネル部の変形を防止する効果もあり、ドライバーは「安定性がある」、「安心感がある」、「しっかりしている」という感覚も得られる。

5. 15　ボルト、ナットかみ合い部延長

ボルト、ナットは小さな部品で変形しそうになく、ただ締め付けておけば良いのではないかと考えられがちである。しかし、走行性能部品を締結するボルト、ナットのかみ合い長さを図5-72から図5-73に示すように長くすると走行性能が向上する場合がある。図5-74に示すサスペンションとボデーの取り付け部の詳細を図5-75に示す。図5-75の

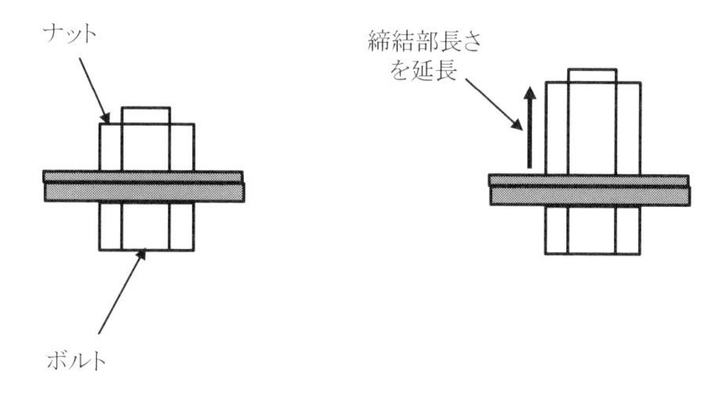

図5−72　通常のボルトナット締結

図5−73　締結部長さを延長した
ボルトナット締結

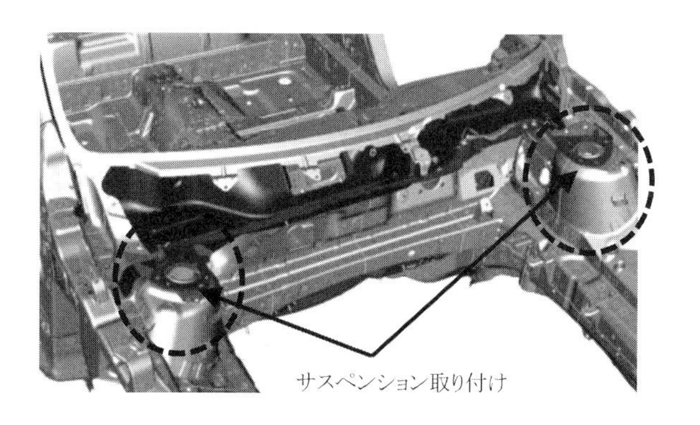

図5−74　サスタワーのペンション取り付け[1]

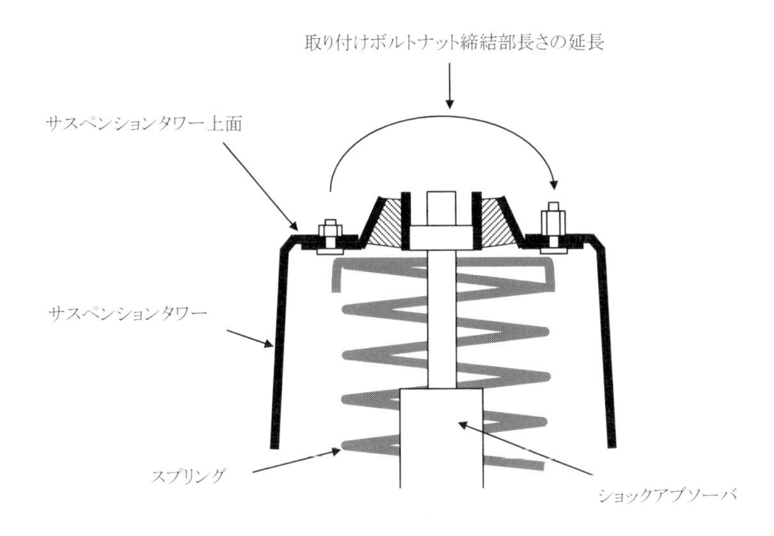

図5–75　サスペンションとボデー取り付け部詳細

ようにサスペンション取り付けボルトとナットの締結長さを延長するとステアリング性能が向上したり、安定感が増加する。

参考文献

(1)嶋中常規　「新型マツダアクセラのダイナミック性能」、『マツダ技報』No.27、2009
(2)写真提供：フタバ産業株式会社
(3)梅下隆一、他6名　「新型マツダアテンザの紹介」、『マツダ技報』No.26、2008

第6章

首の筋電位測定による車走行性能の判定

6.1 筋電位測定方法

走行性能は、ドライバーの運転の経験量や車に対する関心のレベル、使用する言葉の違いなどにより様々な評価結果、表現方法になり、現在のところ車の走行性能について客観的な良い評価判定方法がない。その中で良い方法を見つけるべく、首の筋電位を測定して客観的に走行性能を判定する一連の研究を行なったので、その方法を紹介する(1)(2)(3)(4)(5)(6)。

車が左右に旋回し遠心力で横力が発生した時、人間は体が倒れないようにその位置を保持するため、横力に抵抗しようと反射的に体全体の様々な筋肉を緊張させる。

その時胴体はシートに座り、足は床とペダル類を踏みつけ、手はステアリングを握って拘束されている。しかし、頭は故意にヘッドレストに押し付けない限り拘束するものがなく自由に動くことができ、頭を支える首の筋肉を緊張させ適切な位置を保持しようとする。胴体や足は人が変わると拘束条件が変わり、筋肉の緊張する条件が変化するが、頭を支える首の筋肉は拘束されないため条件が一定になる。

カーレーサーの経験談では、レースを何度も行なうごとに、首の筋肉が発達し首が太くなると言われており、カーレースで発生する大きな横力に対して常時筋肉が緊張し鍛えられていることによるものと考えられる。筋肉を緊張させるため人間は生理的な電気を発生させる。それを筋電位計で測定する。

図6-1に示す首の「胸鎖乳突筋」という筋肉が首の横方向の位置を支える主要な筋肉で、ここに筋電位計のセンサーを貼り付け測定すると、首の動きに対する筋電位を測定することができる。

車がスラローム走行をした時のドライバーの首の筋電位測定例を示す。図6-2に示す

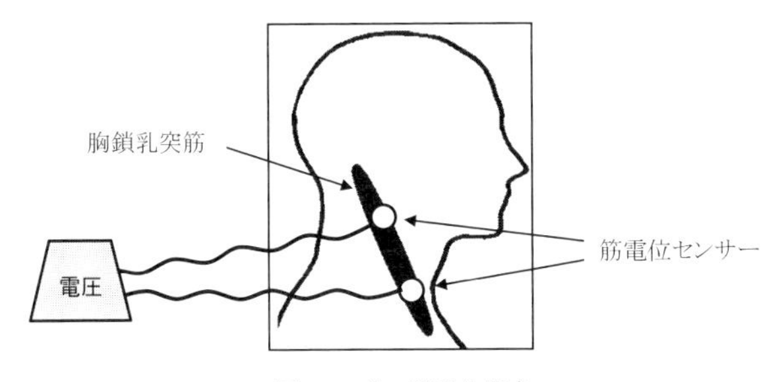

図6−1　首の筋電位測定

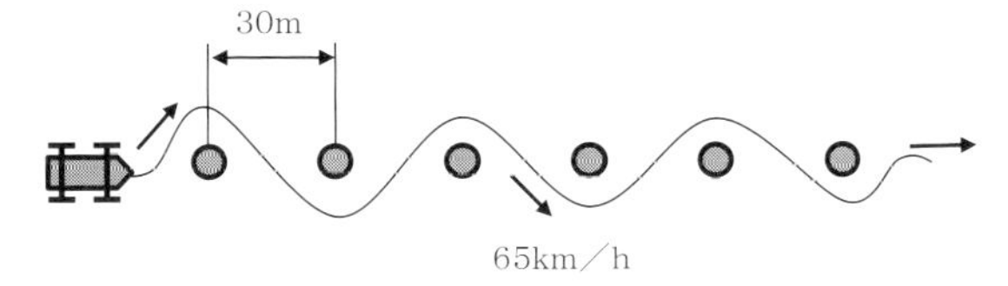

図6−2　スラローム走行

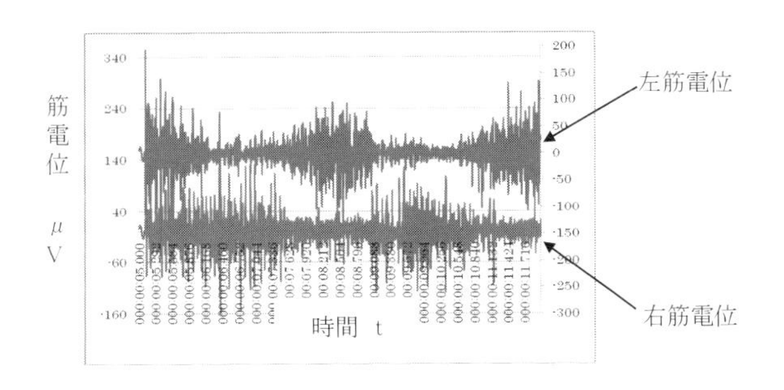

図6−3　スラローム走行時の首の左右筋電位

ようにパイロンを30mおきに立て、その間を65km／hで走行する。図6-3にその時発生する筋電位の測定結果を示す。スラローム走行をすると乗員に横加速度が交互に作用するので首の筋電位も左側と右側に交互に発生することがわかる。

車の走行性能が安定していると横力に対して車の横揺れが小さくなり、ステアリングの操舵に対し車が正確に旋回すると、無駄な車の動きが少なくなることによっても横揺れが小さくなる。車の揺れが大きいと首の筋電位は大きく、揺れが小さいと筋電位は小さくなり、この筋電位の大小を比較することにより車の走行性能の良悪を判定することができる。筋電位が小さい方が走行性能は優れ、人間は筋肉の緊張が少ないことを示し、長時間運転しても疲れない車と言える。

6.2 各車の筋電位の違い

図6-4に路面の荒れた凹凸路を様々な車で走行した場合の、首の筋電位の比較を示す。

横軸に車の種類、縦軸に走行中に+−の電圧が交互に発生する筋電位の絶対値の平均値を示す。走行性能が良いと言われているベンツ、フォルクスワーゲン、スバル(黒色)は一般の日本車1、2、3(白色)と比較して筋電位が小さく、荒れた路面でも横揺れが少ないことがわかる。実際に走行性能の良いと言われている車を運転すると、乗員の感覚として図6-4のグラフと同様に乗り心地の良い車と感じる。右端の棒グラフ(灰色)は、日本車1のボデー剛性を高めたもので、乗り心地の良くない日本車でもボデー剛性を高めれば欧州車と同様な乗り心地の良い車に改良することができる。

欧州や米国などの荒れた路面が多い国で走行すると、車の乗り心地に顕著にこの差が現れるし、日本でも高速道路を走行するとその差を人間は感じることができる。欧州など海外を旅行した時、自分で運転しなくても、日本車のタクシーと欧州車のタクシーを乗り比べると乗り心地の良し悪しが大変良くわかる場合が多く、特に観光用に維持さ

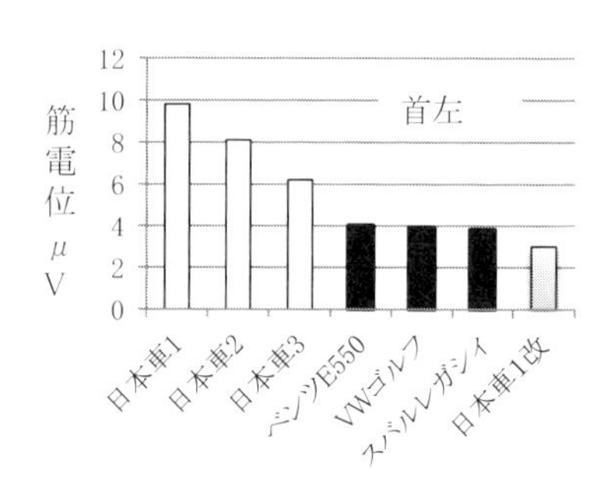

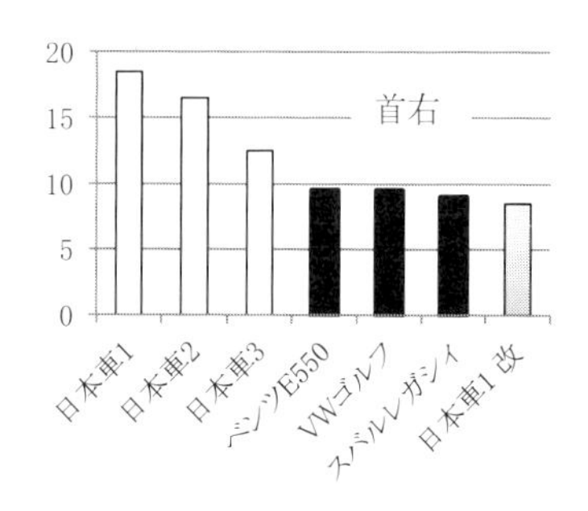

図6−4 凹凸路を走行した時の人間の首の筋電位

れている石畳路などで欧州車は乗り心地が良いのに対し、横揺れ、縦揺れが大きく乗り心地の悪い日本車が多数存在する。欧州は日本に比べて道路が荒れているため、欧州の自動車メーカーは必要に迫られて乗り心地の良い車を設計製造しているとも考えられる。

6.3　ロッカー剛性の走行性能に及ぼす影響

ロッカーの剛性が走行性能に及ぼす影響についての実験を紹介する(5)。

一般的にロッカー上下端フランジはスポット溶接されているが、その溶接数が多いほど走行性能が向上する。それを模擬するため図6-5、図6 6、図6-7のようにロッカーフランジ下端のスポット溶接のされていない部分に片側24個(合計48個)穴をあけてセルフタップスクリューで締め付け、その数を変化させ図6-2に示すスラローム走行と凹凸路走行を行ない、首の筋電位を測定する。締付スクリュー数が多い程ロッカー剛性が高くなると考えられる。

図6-8に65km／hスラローム走行と、80km／hで凹凸路走行を行なった時の首の筋電位の測定値を示す。横軸にスクリュー数を(0→6→12→18→24本と増加)、縦軸に筋電位の絶対値の平均値を示す。スクリュー数が増加すると筋電位が小さくなるが、これは走行時に車両の無駄な横方向の動きが小さくなり安定することと、乗り心地

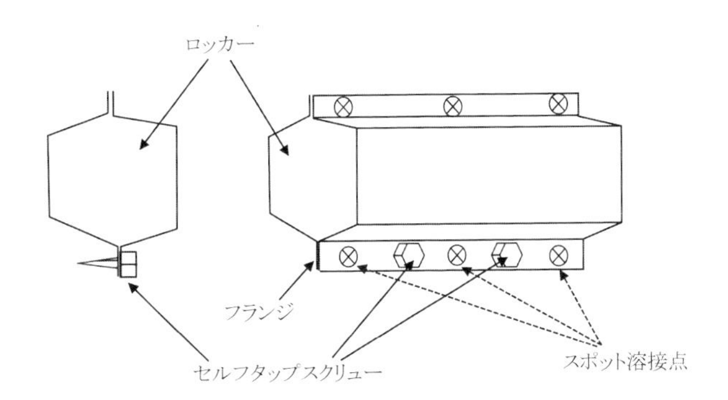

図6−5　ロッカーフランジのスポット溶接間をボルト、ナットで締付

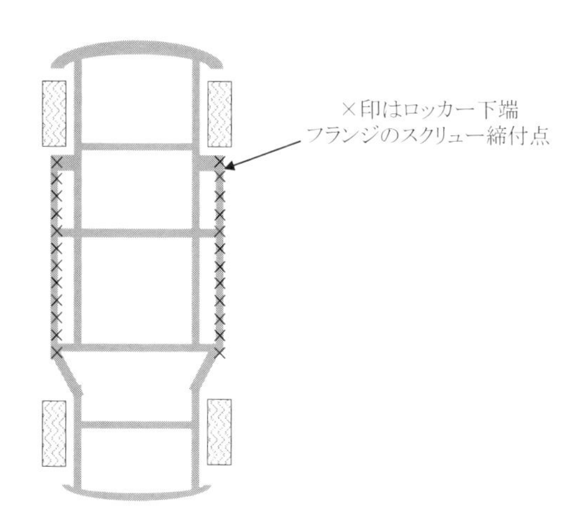

図6−6　ロッカーフランジのセルフタップスクリュー締付位置

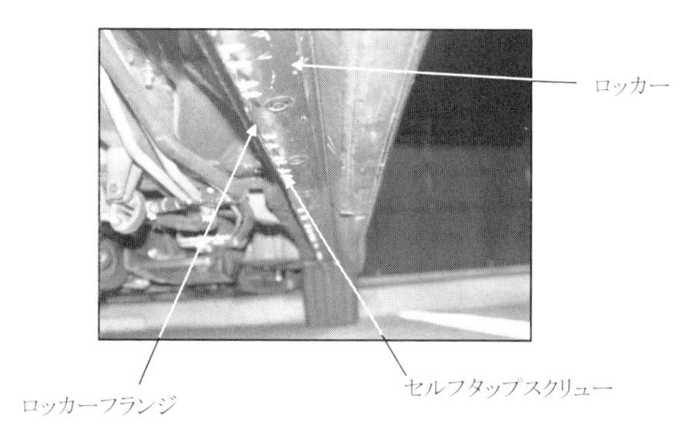

図6−7　ロッカーフランジのセルフタップスクリュー写真
（トヨタ　アルファード）

が向上したことを示す。つまりロッカー剛性が高くなるほど走行性能が向上することになるのである。

この実験ではロッカーのスポット溶接数が多いほど走行性能が良いことがわかったが、ロッカーに限らずボデー全体のスポット溶接数が多いほど走行性能は良いことが予想される。

図6-9のようにフロアパネルとアンダーリーンフォースのスポット溶接点を増加すると、床

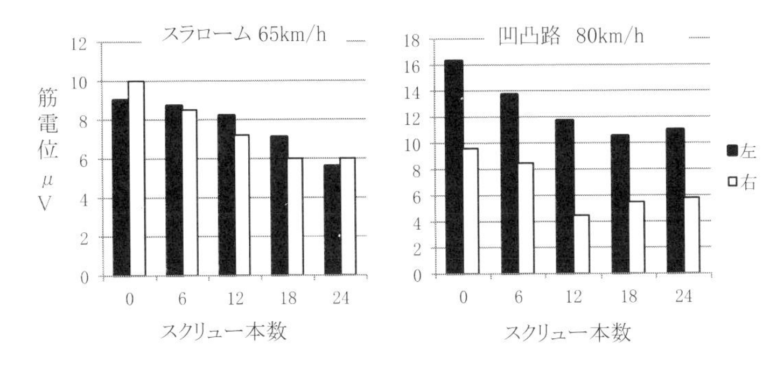

図6−8 ロッカーフランジのスクリュー数の変化による首の筋電位

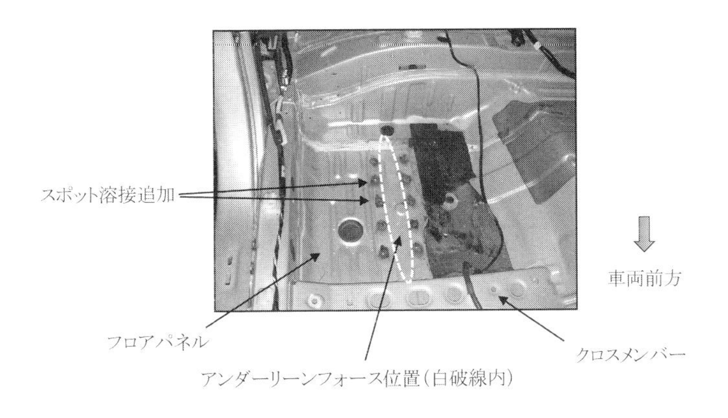

図6−9 アンダーリーンフォースの溶接点追加

の微振動が低減し、ドライバーは「高級感ある乗り心地」を感じ、図6-10のようにFrドア周りのボデーフランジにスポット溶接点を増加すると「ステアリングフィールの向上」、「高級感ある乗り心地」を感じることができ、また図6-11のようにバックドア周りのボデーフランジにスポット溶接を追加すると「Rrの安定感が増加」など部位により種類は異なるが走行性能は必ずと言っていいほど向上する。

世界で走行性能が良いとされる欧州車は、スポット溶接点数が多い傾向がある。

また剛性を高めるためフォルクスワーゲンやアウディはレーザー溶接(図6-12)を多用し

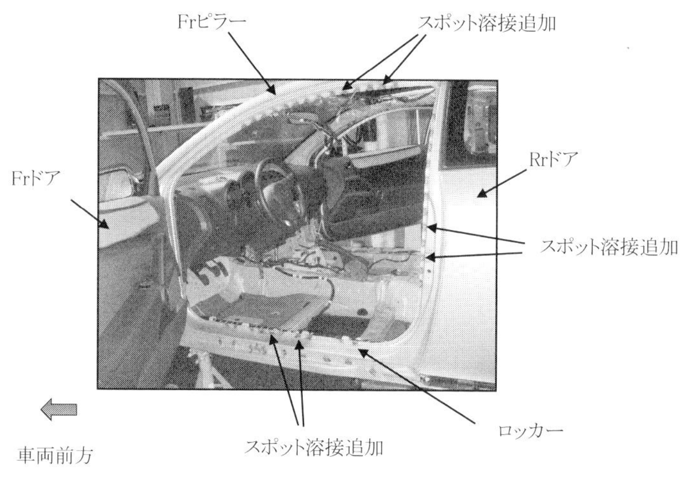

図6－10　Frドア周りフランジの溶接点追加

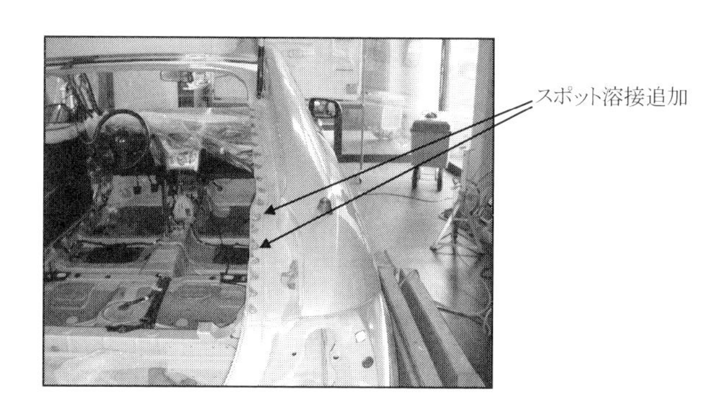

図6－11　バックドア周りフランジの溶接点追加

たり、その他のメーカーは構造用接着剤とスポット溶接を併用したり、溶接がどうしてもできない部分はリベットにより接合している車さえある。レーザー溶接は10～20mm溶接して5mmの間隔を空けるような溶接方法のため、ほぼ連続溶接に近いものであるし、また構造用接着剤とスポット溶接を併用すれば連続溶接と同等である。

欧州車はボデー鉄板厚さが厚く、剛性が高いと思われがちであるが、筆者が開発していた欧州向けの車より、同クラスの欧州車の方が重量が軽かった。それでもボデ

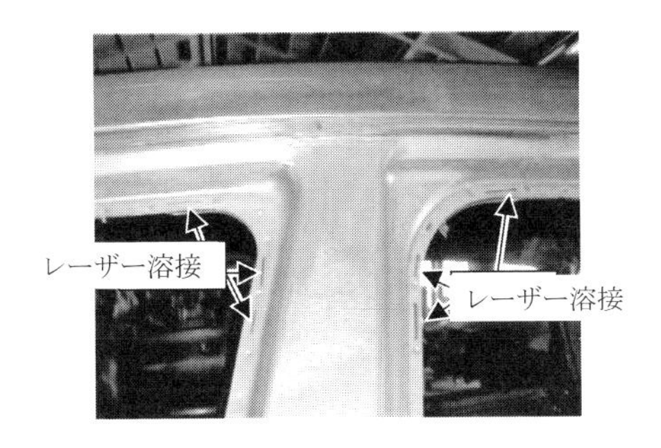

図6−12　レーザー溶接[7]

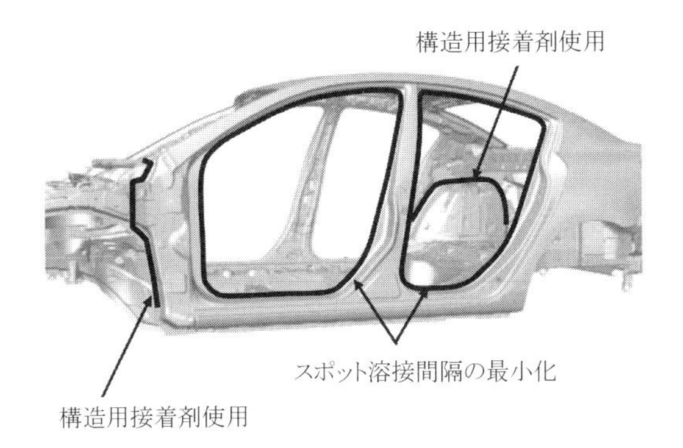

図6−13　マツダアクセラの高ボデー剛性化のための溶接方法[8]

ー剛性が高い理由は欧州車の骨格の形状や溶接法などの技術力が優れているものによるものと考えられる。欧州車は車両重量の重い車が多いが、これは防音材に分厚いウレタンやゴムシートを多量に採用し防音性能を上げていたり、大型の各種ゴムマウントを用いて構造に余裕を持たせ、乗り心地や防音性能を向上するなど基本性能の向上のためによるものである。その例として、欧州メーカーのディーゼル車は室内にいるとガソリン車に乗っているのと変わらない静粛性があり、車外に出て初めてディーゼル車であることに気がつくくらいである。

図6-12、図6-13にマツダの量産車で採用されている溶接方法を示す。センターピラ

ーとルーフの結合部にはレーザー溶接を採用している。

またFrドア、Rrドア開口部フランジのスポット溶接間隔を最小限にすることと、FrとRrタイヤハウスに構造用接着剤を用いることによりボデー剛性を高め、車両応答性を向上している。レーザー溶接の欠点としては、鉄を溶かすほどのエネルギー密度が大きいレーザー光線を使い、これは映画の世界で見られるような「殺人光線」とも言えるもので、自動車工場ではそれに対する安全対策設備が必要で設備投資費が大きくなる。またスポット溶接であれば溶接する2枚の鉄板プレス部品の隙間があっても、スポット溶接機で挟んで圧力をかけて隙間をなくし溶接できるが、レーザー溶接しようとすると溶接する2枚の鉄板プレス品の隙間をなくす必要がある。そのためには鉄板プレス加工精度を向上するとともに、精度が悪い場合には2枚の鉄板プレス品の隙間をなくすための、圧力をかける補助装置が必要になる。

以上が日本のメーカーがレーザー溶接をあまり使わない理由であるが、それと対照的に走行性能に重点を置く車創りを行なう欧州メーカーがレーザー溶接の多くの欠点を克服して採用していることには感心する。生産性を考慮し、車のボデー溶接にはスポット溶接が主流だが、5.3で説明したように鉄板の形状や溶接位置を工夫することによりスポット溶接でもボデー剛性を向上することはできる。

参考文献

(1)岡本裕司、他5名　「筋電位測定による自動車乗り心地評価」、『日本機械学会第18回交通・物流部門大会講演論文集』NO.09-65 (2009)、p.301～304

(2)岡本裕司、他4名　「自動車運転時の横加速度と胸鎖乳突筋の筋電位の関係」、『日本機械学会年次大会講演論文集』Vol7、No10-1 (2010)、p.409～410

(3)岡本裕司、他6名　「自動車乗車時を模擬した振動に対する胸鎖乳突筋筋電位の応答」、『第19回物流部門大会講演論文集』No10-54 (2010)、p.269～272

(4)中野公彦、他5名　「自動車走行時に受ける加速度に対する胸鎖乳突筋筋電位の応答」、『自動車技術会学術講演会前刷集』No74-11 (2011)、p.1～6

(5)中野公彦、他5名　「胸鎖乳突筋筋電位による車体剛性が運転特性に与える影響の評価(ロッカーフレームの溶接スポット点数と運転特性の関係)」、『日本機械学会2012年度年次大会』、J182012

(6) Yuji Okamoto, Evaluation of ride comfort with electromyogram, MOVIC

vol.2010, No.3A13, 2010
(7)富岡敏憲、他2名　「CX9の車体剛性の開発」、『マツダ技報』No.25、2007
(8)嶋中常規、他4名　「新型マツダアクセラのダイナミック性能」、『マツダ技報』No.27、2009

第7章
ボデー剛性のバランス

これまでの説明でボデー剛性が高いほど走行性能は向上することはわかったが、ボデーのどの部分の剛性を高めるとどのように性能向上が得られるのか次の実験をして明らかにする。

車のアンダーボデーをパイプで連結するとアンダーボデーの剛性が高くなり、走行性能が向上する。図7-1のようにFr、Cnt、Rrのアンダーボデーにパイプ類とボルト類を追加設定し、脱着しながらそれぞれの部位のボデー剛性の変化と走行性能の変化との関係を検討する。

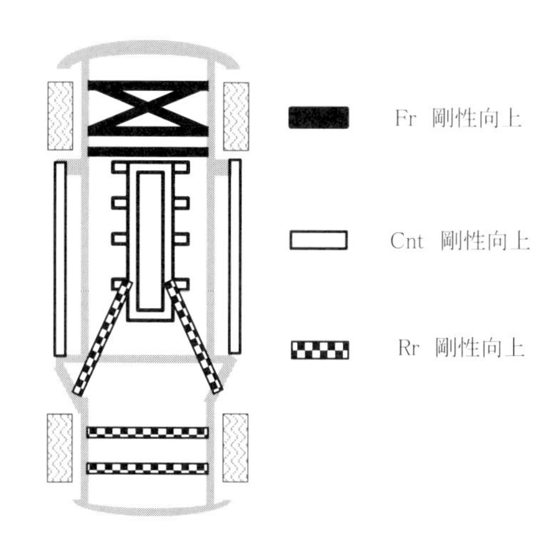

図7−1 アンダーボデーの補強

7.1 Frボデーの剛性アップ

■■■ に示すパイプをFrボデーに組み付け、Frボデーだけの剛性を高める。

Frボデー剛性を高くするとステアリングフィールが向上し、ドライバーはステアリング操作に対して正確にダイレクトに車が動く感覚になる。さらにどんどんFrボデーの剛性を高め続けるとFrの旋回性の向上に対しRrの踏ん張った感覚がなくなり、ステアリング操作に対して車が急激に旋回したりRrがふらふらする不安定な感覚になる。

Frボデーの剛性を高めた方がドライバーのステアリング操作に対して正確に車が動くため、Rrの安定性が相対的に減少してもステアリングの急な操作をしなければ安心感は増加した感じがする。しかし、さらに過度にFrのボデー剛性を高め旋回がさらに急激になると不安定で、極度な場合はステアリング操作に対し敏感すぎてスピンするような危険な感覚に変わり、逆に安心感が減少する。

7.2　Cntボデーの剛性アップ

に示すパイプと、ロッカーフランジをボルト、ナットで締め付け、Cntボデーだけの剛性を高める。

Cntボデーだけ剛性を高めてもドライバーはステアリングフィールや安定性などの走行性能に関する変化はあまり感じないが、ぶるぶるした不快な微振動が減少して上質感、高級感が感じられる走行性能になる。

7.3　Rrボデーの剛性アップ

で示すパイプをRrボデーに組み付けRrボデーだけ剛性を高める。

Rrボデーの剛性を高めるとドライバーは安定性が増加した感覚になり、「Rrがどっしりして安定した感覚」や、「旋回時に車の回転中心が後方に移動した感覚」が得られる。さらにどんどんRrボデー剛性を高めると、ステアリングを操作しても車が機敏に動かなくなり、ステアリングフィールの正確さやダイレクト感が損なわれたような感じになる。

Frに対しRrのボデー剛性を高めすぎると車は安定するが、ドライバーのステアリング操作に対して車が正確に動かなくなるので安心感が減少し、特に高速走行で方向を修正をしようとステアリングを操作しても車が思うように動きにくいため、危険な感覚になることもある。また、高速で急旋回しようとするとアンダーステアで曲がりきれなくなり、危険な車になることもある。

7.4 FrとRrボデーの剛性アップ

と とのFrボデーとRrボデーの剛性を高めた場合の走行性能は、その両方の剛性向上の良い点が組み合わされ大幅に向上する。

ドライバーは「ステアリングフィールが正確でダイレクト」、「リアがどっしりした感覚」、「安定性が向上する」等を感じ、ドライバーはどんな走行状態でもステアリング操作に対し車は正確に動き、安定性も向上するため安心感が感じられる。

7.5 Fr、Cnt、Rrボデー全ての剛性アップ

と と のFr、Cnt、Rr全てのボデー剛性を高めた場合、FrとRrボデーだけ高めた場合と比較して、ドライバーのステアリング操作に対する車の正確な動きや安定性の変化は少ないが、動きがしっとり、高級感ある走行性能に変化する。FrとRrだけ剛性を高めた場合と比較して、車の不快な振動がなくなり、しっかりと車は動きながら荒々しさが消えてステアリングフィールにも乗り心地にも上質感が感じられ、高級車に乗っている感覚が得られる。

FrとRrのボデー剛性だけを高めた車は、御者の言うことをきくが荒々しい走り方をするじゃじゃ馬であるのに対し、Fr、Cnt、Rrの全ボデー剛性を高めた車は御者のいうことに従順で、おとなしいが指示に対しては正確な走りをする駿馬にたとえられる。

7.5 ボデー剛性向上のバランス

ボデー各部位の剛性を高めた場合の走行性能の評価のまとめを表7-1に示す。補強パイプを増やしボデー剛性を向上するほど走行性能は向上するが、特にFrの剛性を高めると効果が大きいことがわかる。ただし車の走行性能をさらに向上しようとするとFrやRrに偏ったボデー剛性の向上ではなく、バランスがとれた剛性向上が必要である。

走行時の危険回避、例えば急に障害物が落下してきたり、他車と衝突を避けようとして緊急旋回回避するような場合は、ステアリング操作に対して機敏に車が反応して動

表7−1　ボデー各部位の剛性を高めたときの車の走行性能変化

剛性アップ	無し	Rr	Fr	Fr+Rr	Fr+Cnt+Rr
直進安定性	ベース	僅か　良 △	良 ○	少し　良 △	大変　良◎
レーンチェンジ	ベース	僅か　良 △	良 ○	大変 良◎	大変　良 ◎
ステアフィール	ベース	変化無し −	良 ○	少し　良 △	大変　良 ◎
乗り心地	ベース	変化無し −	変化無し −	変化無し −	僅か　良 △

く必要があるのでFrボデー剛性向上が重要になるが、通常走行で安定感があって疲れない運転をする必要性からはRrボデーの剛性向上が重要になる。

車の開発の方法としては、まずFrボデー剛性を高めてステアリング操作に対する車の反応を向上することを始め、Frボデー剛性をどんどん高めていく。するとステアリング操作に対する車の動きは正確になるが、次第にRrがふらふらする感覚が増加するので次にRrボデーの剛性を高める。

さらにRrボデー剛性を高めていくとステアリングフィールが鈍感になるが、この時注意する必要があるのはRrボデー剛性を低めてバランスをとるのではなく、再度Frボデーの剛性を高めていく。そうするとまたRrの安定性が低下するので、再度Rrボデー剛性を高める。この繰り返しを何度も行ない、FrボデーもRrボデーも高剛性で高次元でバランスがとれた設計を行ない、最後にどうしてもバランスがとれない部分についてはサスペンションのチューニングにより修正する。

ただし、ボデー剛性を高めると性能向上と同時にコスト、質量が増加するので、どれほど走行性能の高い車を目指すのか、開発車両のコンセプトにあった最適設計を行なう必要がある。走行性能を向上するため複雑なサスペンション機構を採用するよりは、ボデー剛性を高める方法を用いた方が、ボデー剛性の低い日本車にとって質量、コストを小さく抑えることができ、圧倒的にコストパフォーマンスが優れている。

ボデー構造は向上せずにサスペンションチューニングで走行性能を向上しようとする自動車メーカーもあるが、サスペンションチューニングはその名の通り車の前後バランスを調整したり、車の性格(スポーツカー、グランドツーリングカー、街乗りカーなど)の味付けを行なうもので、チューニングに頼った開発では真の走行性能の優れた車をつくることはできない。

7.6 首の筋電位による評価

表7-1は人間の感覚を言葉に表したもので主観的な結果である。各ボデー剛性の走行性能に及ぼす影響を客観的に評価するため6.1で紹介した首の筋電位の測定を応用する。図7-2にスラローム走行した時のFr席、Rr席乗員の首の左右の筋電位を示す。

横軸にボデー剛性向上の種類を、縦軸に筋電位を示したもので、ボデー剛性を高めるほど筋電位の値が低減することがわかる。いずれもRrボデー剛性を高めた場合は

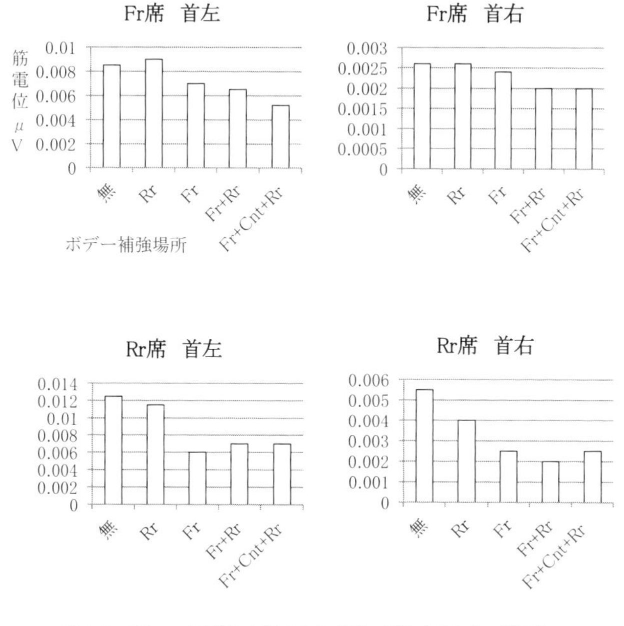

図7−2 スラローム走行した場合の各ボデー剛性向上と首の筋電位

筋電位の減少は小さいが、Frボデー剛性を高めると筋電位の減少が顕著になり、Frボデー剛性とRrボデー剛性の両方を高めるとさらに筋電位は減少する。Cntボデーに関しては剛性を高めても筋電位の変化はあまり発生しない。

おおよそ表7-1に示す人間の感覚と同じで相関関係が大きく実験の客観性があることがわかる。

7.7　加速度測定および車両姿勢測定による評価

首の筋電位測定の他に、車の加速度変化と姿勢変化を測定してボデー剛性向上の効果を評価する。

図7-3のように車の4隅に加速度センサー、および路面と車体の距離変化を測定するレーザードップラーセンサーを取り付け、スラローム走行時の横加速度変化とボデー（バ

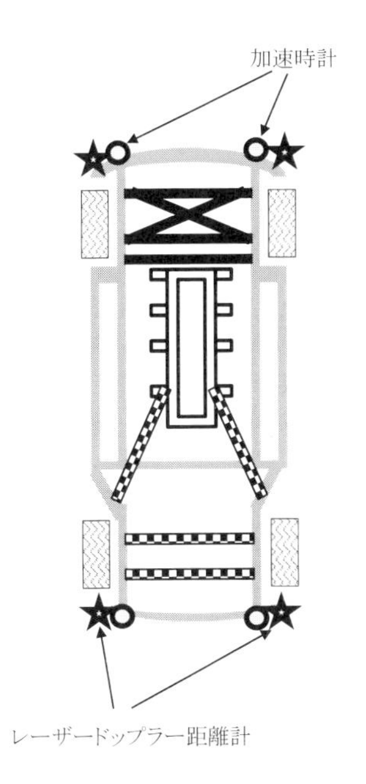

図7−3　加速時計とレーザードップラー距離系の取り付け位置

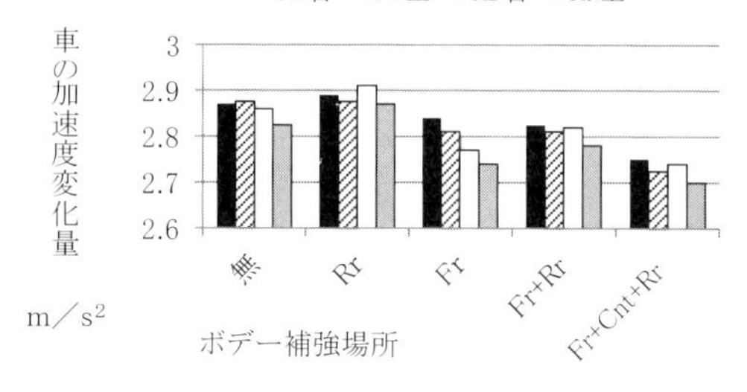

図7–4　スラローム走行時のボデー剛性と加速度変化

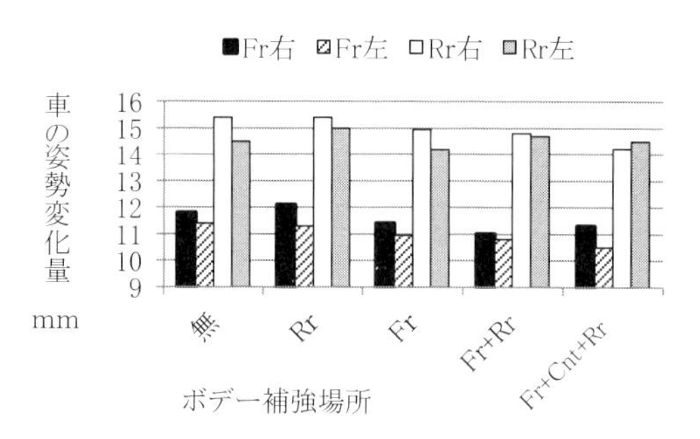

図7–5　スラローム走行時のボデー剛性と車の姿勢変化

ンパー)と地面の距離の変化を車の姿勢変化として測定し、測定された横加速度変化量と、姿勢変化量の絶対値の平均値を求め解析する。

図7-4にスラローム走行をした時の各部分のボデー剛性の向上(横軸)に対する横加速度の変化(縦軸)を示す。Rrボデー剛性を高めても加速度変化は減少しないが、Frボデー剛性を高めると加速度変化は減少する。Frボデー剛性とRrボデー剛性の両方を同時に高めてもあまり変化しないが、Cntボデー剛性を高めると減少し、Cntボデー剛性向上の効果がやや大きい結果ではあるが、表7-1の人間の感覚や、図7-2の首の筋電位の結果と相関がある。

図7-5に各部のボデー剛性の向上(横軸)に対する車の姿勢変化(縦軸)を示す。Rrボデー剛性の向上を行なっても車の姿勢変化の減少は少ないが、Frボデー剛性

の向上、Fr＋Rrボデー剛性の向上、Fr＋Cnt＋Rrボデー剛性の向上を行なうといずれも車の姿勢変化は減少し、表7-1の人間の感覚や、図7-2首の筋電位および図7-4の加速度変化と同じ傾向があり相関がある。これらの一連の結果から、車の走行性能はボデー剛性を高めることにより向上することと、ボデー剛性を高める位置により変化することがわかる。

7.8　ボデー剛性バランスが崩れた場合

筆者が経験したボデー剛性バランスが崩れた場合の例を紹介する。

車の衝突安全性能を確保するためには走行性能と異なり、ボデーの強度のバランスが重要である。その時の開発方法は有限要素法を用いた衝突ボデー変形シミュレーションを用いてボデー構造を決め、衝突実験により確認することを繰り返し改良しながら最終構造を決める方法である。

しかし、シミュレーションはなかなか実車の現象とはぴったり合うことがない上に、車の質量が搭載部品や車の大きさの変化により増減したり、ボデーの溶接点が変わったり、衝突計測用マネキンのセンサー精度が異なったり、マネキンのシートに座る位置が微妙にずれたりしてなかなか衝突性能基準をクリアーできず、そのためボデー構造が決まらずにラインオフ近くまで設計変更が行なわれることがたびたびある。その設計変更と

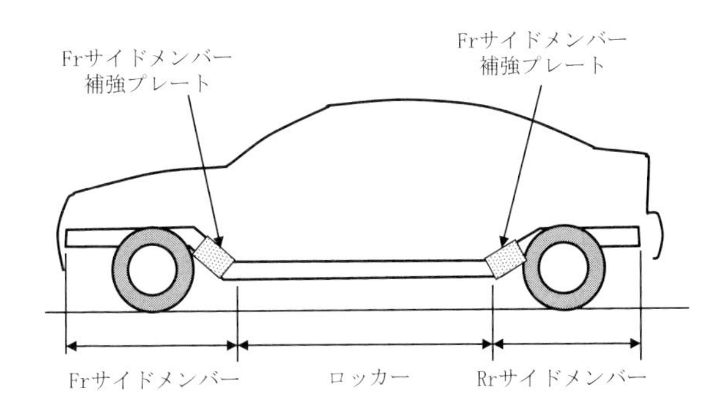

図7−6　補強プレートによるボデー剛性バランスの変化

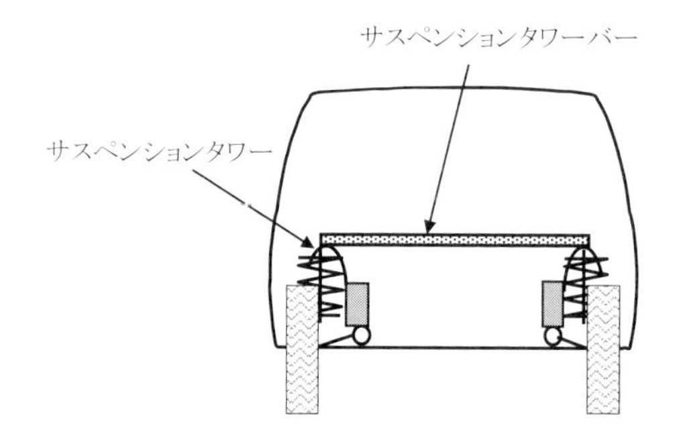

図7−7　上下ボデー剛性のバランス

しては、ボデー強度を増大するため補強部品を追加したり、既存部品の板厚を厚くしたりすることが一般的である。一方、走行性能の開発の最終仕上げとしてサスペンションのチューニングが行なわれるが、衝突性能を確保する設計よりも簡単なので、早い段階で開発が行なわれ、バネやショックアブソーバーの設計諸元が決定される。衝突性能確保の開発のために時間がかかり、走行性能の開発が終わった後にボデーの補強が行なわれるとボデー剛性が変化してチューニングをし直す必要が発生する。

図7-6に示すように前面衝突性能を向上しようとしてFrサイドメンバーに補強プレートを追加するとFrのボデー剛性が高くなり、ステアリングを操舵したときの車の反応は良くなるがRrの安定感がなくなりドライバーにとって不安を感じる車になるし、一方、後面衝突性能を向上しようとRrサイドメンバーに補強プレートを追加するとRrの安定感は増加するがステアリングを操舵した時の車の反応が悪くなりドライバーは不安を感じたり、ステアリングフィールが悪化するので運転するのが楽しくない車だと感じる。車のラインオフ近くにこのような補強プレートを追加するような設計変更が行なわれると開発が混乱し、走行性能の良い車ができなくなる。

もう一つの例は、カスタマイズ商品として図7-7に示すようなサスペンションタワーバーについてである。アンダーボデーの剛性が大きい車の場合はサスペンションタワーバーを取り付けるとステアリングフィールが向上し走行性能が向上するが、アンダーボデーの剛性が小さい車は逆にボデー上下のバランスが崩れ危険な車になる場合がある。ドライバーの感覚としてはステアリングを回すと最初反応が少ないがしばらくすると急に車が旋回する挙動になる。しばらくというのは0.1秒以下の短い時間遅れなので、低速時にはドライバーは旋回性能が良くなったような感じがするが、高速時には急激に旋回することになるので危険な車になる。上下のボデー剛性もバランスをとることが重要である。

第8章

ボデー剛性の測定方法

車のボデーは、一見すると固くがっしりしているように感じるが、エンジンやサスペンション、ガラス、内外装材などを取り除いた鉄板だけにすると意外に柔らかく、手で揺らすとぐらぐら動き、高速道路で100km／h以上で走ることが心配になるくらいである。ボデー剛性には様々な測定方法があるが、鉄板ボデーだけにして測定しようとすると、測定のために固定した部分が局所的に曲がるため、剛性を表すのにどこを基準に測定することが良いのか大変難しいテーマである。

実走行に即した走行性能を表す一つのボデー剛性測定方法を次に示す。

タイヤを取り外し、柔らかいサスペンションゴムブッシュ類を剛性の高い金属に変更し、Rrホイールを固定してFrホイールを横方向に押す。Frホイール床面にはローラーなど

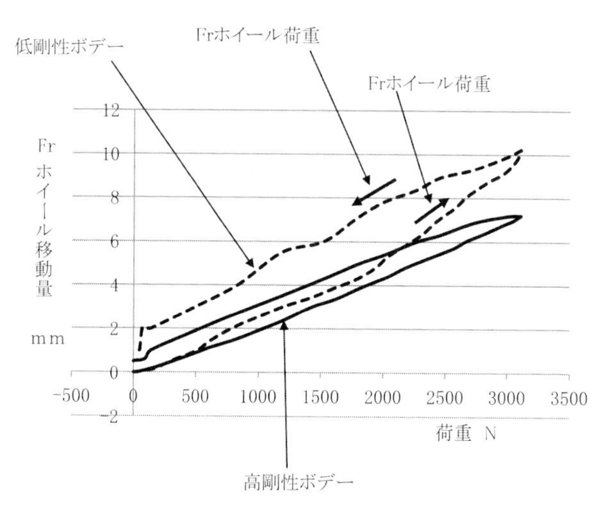

図8−1 ボデー剛性測定結果

を設定し、横方向は自由に移動できるようにする。Frホイールを押した力と移動量を測定するとボデー全体の剛性が測定でき、この時のボデー変形は平面変形もねじれ変形もサスペンションの変形も全て含まれて区別はできないが、実際の走行時に起こるボデー変形に近いものであると考えられる。

図8-1に測定例を示す。横軸にFrホイールにかける荷重、縦軸にFrホイールの移動量を示し、ボデー剛性が高いほど荷重をかけてもFrホイール移動量が少なく、一方ボデー剛性が低いとFrホイール移動量は大きくなる。

大掛かりな作業になるので、常時行なうのではなくボデー剛性改良後の確認として行なうのには良い方法である。

第9章
その他の部品の剛性

9.1　アルミホイールの剛性

アルミホイールの設計も走行性能に大きく影響する。ホイールも剛性が高いほどタイヤが受ける横力に対して変形が起こりにくく、走行性能には良いとされているが、最適設計を行なわないと逆効果になる場合がある。

ホイールは図9-1に示すスポークとリムによって構成されており、各部のアルミ肉厚が厚いほど剛性が高くなり性能は向上するが、肉厚が厚くなり質量が増加するとステアリングフィールが悪化する場合がある。ホイールは高速で回転するので、走行中に車を旋回させようとしてステアリングを回そうとすると、アルミホイールのジャイロ効果により反力が大きくなり操舵力が大きくなる。この反力はホイールの質量が大きいほど、回転速度が高いほど大きくなるので、高速走行で操舵しようとするとステリング操作に力が必要となり、ドライバーの思うように操舵しにくく、進みたい方向に進めなくなるため恐怖感を感じる場合もある

高速回転する地球ごまの向きを変えようと手で押すと、抵抗力が働き動きにくいことと同じ原理である。特にホイールの中心からはなれたリムや、リムに近いスポーク部分の質量が増えると、ジャイロ効果はいっそう大きくなりステアリングフィールが悪化する。

この現象に気がついたのは筆者が最初にスポークの太いアルミホイールをつくり、少しずつスポークを削りながら軽量化を行なおうと実験をしていた時のことである。まず初めに削る前の重いホイールで150km／h以上の高速で走ったところ、ステアリングを操舵するのに大きな力がいるのと、なかなか進路変更できないため力任せにステアリングを回転すると、急に進路変更が起こり制御が難しく危険な車であった。その後スポークを削り余分なアルミをなくすとステアリングは小さな力で操舵できるようになり、ステアリング

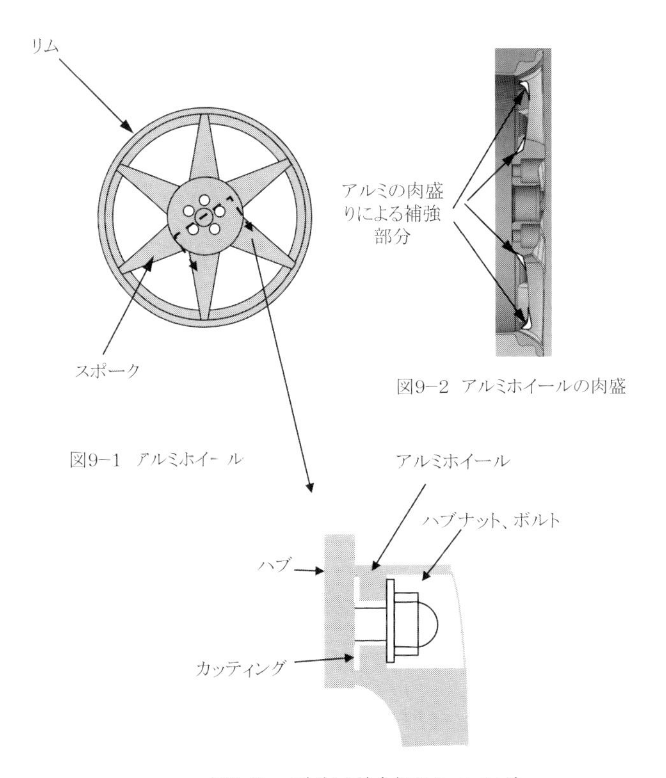

図9−1　アルミホイール

図9−2　アルミホイールの肉盛

図9−3　ハブボルト結合部のカッティング

フィールは向上した。

アルミホイールの構成として、図9-1に示すスポークは6本が剛性と質量のバランスが良く、リムは極力無駄なアルミを削り、スポークは中心部分が太く外周部分が細い形状が理想的である。アルミホイール選びの参考にしていただけると良い。

アルミホイールの製造方法として重力鋳造法と鍛造法がある。重力鋳造法は強度上スポークの厚さを薄くすることができないが、鍛造法では鍛造硬化によるアルミ素材の強度向上と鋳造巣の存在の可能性がなくなるため薄くすることができる。鍛造アルミホイールは高価であるが、スポークがメッシュの面状になったデザイン性の高いものも軽量で剛性の高いホイールにすることができる。

リムの厚さは薄いほど質量が小さく反力が小さくなるため、ステアリングフィールは向上するが、薄すぎるとタイヤが障害物を乗り越えた場合などに壊れやすくなり、強度問題が発生するためそのバランスも必要である。

また剛性を高めるためアルミの肉盛りをする場合は、図9-2に示すようにスポークの中心部や外周部の接合部にかすがい効果を狙って行なうのが効率的である。

アルミホイールとハブの結合剛性も走行性能に影響する。図9-3はホイール中心部断面を示したもので、ホイールとハブの接合面のハブボルト周りをカッティングすると、結合剛性が高くなりステアリングフィールが向上する。アルミホイールは弾性体でカッティングがない場合、ホイールがボルト締結力により変形を起こし、ハブボルト下の狭い部分で結合されているのに対し、カッティングを行なった場合カッティング外周の広い面積で結合され結合力が増加して剛性が高くなるからと考えられる。

走行性能の良い欧州メーカーの車には、このカッティングが施されたホイールが採用されている例が多い。

ハブナットに図9-4に示すテーパーナットを用いてアルミホイールを締め付けると、そのくさび効果によってホイールとハブの結合剛性を高めるのに効果があり、走行性能を重視する車に多用されている。しかし結合面の面圧が大きくなるので、テーパー面のアルミのクリープによるボルト緩みが懸念されるため採用を敬遠するメーカーもある。

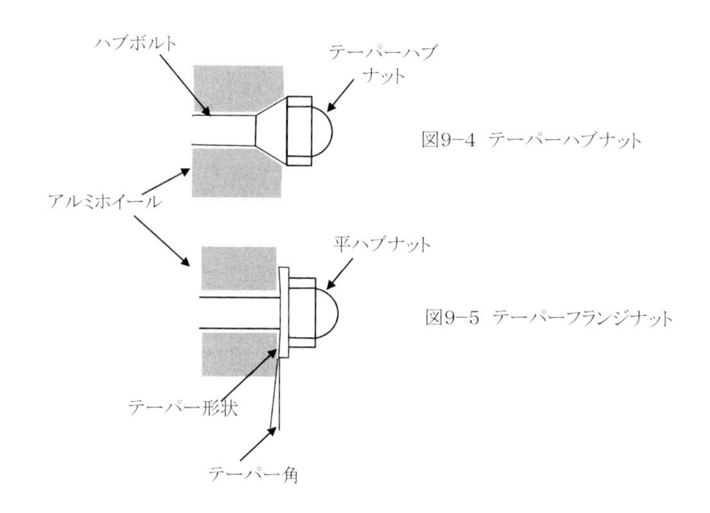

図9−4　テーパーハブナット

図9−5　テーパーフランジナット

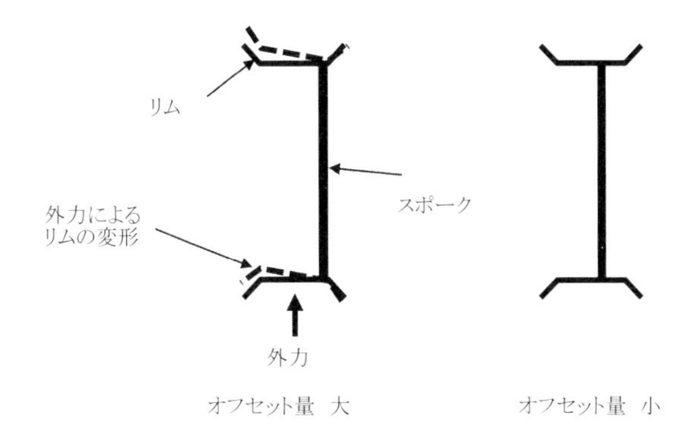

図9−6　アルミホイールのオフセットと剛性

フランジ付ナットを採用した場合でも図9-5に示すようにナットフランジ部分にわずかなテーパー形状を施すと、ナットのフランジの外周部の広い面で結合されるため結合剛性を高めることができ、ステアリングフィールが向上する。ドライバーの感覚としては「正確なステアリングフィール」を感じることができる。

図9-6に示すように同じリム厚さやスポーク構造であれば、ホイールのオフセットが大きいと外力を受けた場合リムの曲げモーメントが大きくなり、リムの変形量が大きくなる。軽量化を行ない剛性を高めたホイールを作るにはオフセットが小さい方が有利である。

アルミホイールの設計は車の構造や全幅の制限により左右されるところもあるがオフセットは小さい方が望ましい。

9.2　シートについて

シートの剛性は車本体の走行性能への影響はないが、乗員の走行性能の感覚に影響を与える。シート本体は衝突に対する強度確保のために剛性は高く、走行性能の感覚にはパッドの硬度やパッドを支えるバネ構造が影響を与える。ただしシートをボデー本体に取り付けるブラケットの剛性向上は走行性能の向上に影響を与えることがある。

シートブラケットとその取り付け方法を変化させたことにより走行性能の感覚を改善した例を示す。シートは前2ヵ所、後2ヵ所の合計4ヵ所でボデーにブラケットを介して取り付け

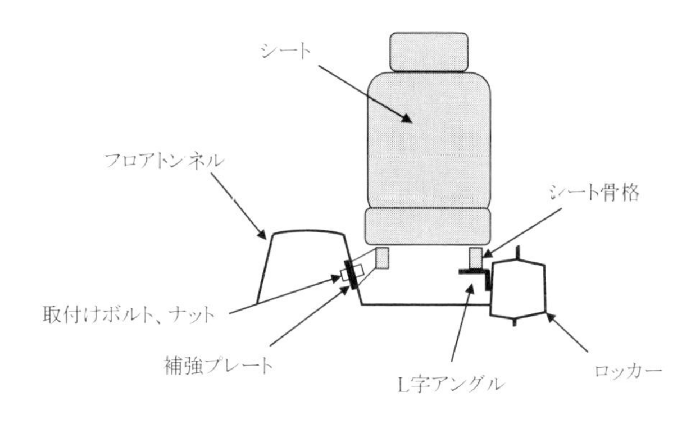

図9−7 ドライバーシートを後ろから見た図

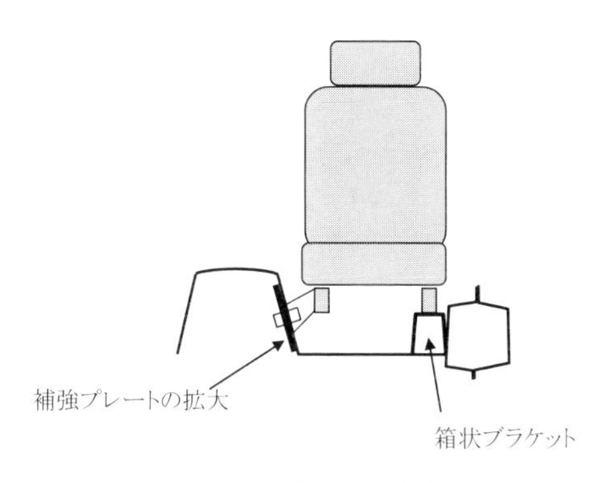

図9−8 シートブラケット取付部の剛性向上

られており、図9-7はドライバーのFrシートとそのシートブラケットを後ろから見た図を示す。

開発初期のシート右後ブラケットはRr席乗員の足下スペースが広がるようにL字アングルをロッカーに取り付け、その上にシートを置く構造で、左後ブラケットはフロアトンネルの側面にボルト結合する構造であった(図9-7)。シートを横方向に押すとL字アングルが弾性範囲内で変形しシートがグラグラ揺れ、ステアリング操舵して横加速度が発生するたびにシートがゆらゆらして安定性に欠ける感覚であった。足下スペースは縮小されたが図9-8に示すように、床面に箱状のブラケットを設定し押さえ込むようにシートをのせる構造に変更することにより、この揺れるような不安定な感覚はなくなった。

また、左のブラケットはフロアトンネルの薄い鉄板とそれを補強するプレートにボルト締

図9－9　シートクッション[1]

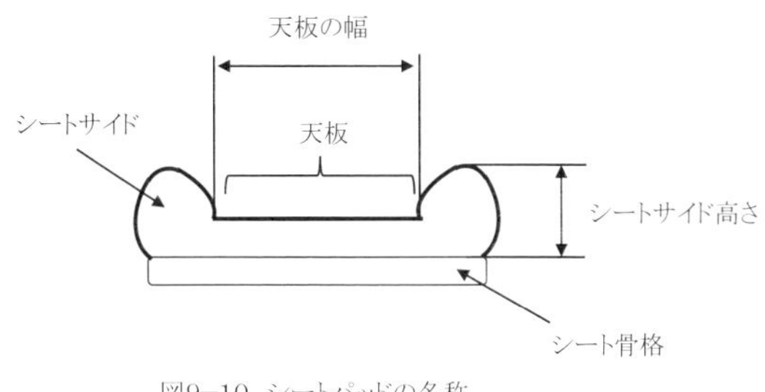

図9−10　シートパッドの名称

めしているが、この補強プレートの面積を広げるとぶるぶるした不快な振動がなくなり、乗り心地が改良された。

シートクッション（図9-9）についてはウレタンパッド硬度や形状、特に図9-10に示す天板の幅の寸法が走行性能の感覚に影響を与える。天板幅が狭いとシートサイドが常時乗員身体の側面に接触しているためホールド性が良いとされる場合が多い。しかし常時ホールド性が良いことは人間が動きにくいことを意味し、長距離運転しようとすると常時同じ姿勢を維持するため、同じ筋肉を使うことになりかえって疲労が大きくなることが多い。天板とはシートの中央の座る平板部分、シートサイドは側部を言う（図9-10）。

走行性能が良い車であれば、通常走行においては横方向の無駄な動きが小さく横加速度変化が少ないため、体をホールドする必要がなく、天板幅が広くてもシートサイドを少し高くしておけば大きな横加速度が発生した場合でも体は保持できる。天板幅を広げて余裕を持ちゆったりしたシートの方が一般走行には向いているのではないかと思う。

シートクッションは中身であるウレタンパッドとそれを覆う表皮で構成され、シートの構造骨格に取り付けられている。ウレタンパッドはコストダウンや軽量化の対象になりやすいが、良い走行性能の感覚を得ようとするには、密度を低くしたり厚さを薄くしないようにすることが必要条件である。また、乗車したときにしっかりとしたシート感覚を出すには、ウレタンパッドの硬度を高くするのではなく、密度を高くすることが必要である。

シート表皮は織物、編み物、革、不織布などその種類により特性が異なり、乗り心地も異なる。表皮の特性として重要なのは伸び率と滑り率である。またウレタンパッド硬度とのバランスをとることにより最適の乗り心地が引き出される。編み物は伸び率が大きいためウレタンパッドの密度を高くして乗員がシートに沈み込まないようにし、織物、革、不織布の場合は伸び率が小さいためウレタンパッドを柔らかくして適切な沈み込み量とソフトさを確保する。

どちらかというと伸び率の大きい編み物を使ってウレタンパッドの密度を調節した方がバランスをとりやすいが、表皮のスタイリングとのバランスや流行性なども考慮しながら開発する必要がある。

滑り率は小さい方が良い。滑りすぎると前後左右の人体にかかる加速度が発生するたびに乗員は滑らないように筋肉を緊張させ、疲労が大きくなる。

シート剛性の改良は効果があるとはいうものの、ボデー剛性の改良を比較した場合、圧倒的にボデー剛性を改良した方が走行性能の向上に効果がある。前述の例のような、よほどシート剛性が低い場合は改良する必要があるが、ボデー剛性の改良を優先した方が開発の効率は高い。

参考文献

(1)写真提供：株式会社タチエス

第10章
空力部品による走行性能の向上

車の形状を工夫することや、空力部品を装備することにより走行性能を向上することができる。空力性能向上というと燃費向上というイメージがあるが、走行性能にも大きな影響を及ぼす。走行性能の良し悪しはボデー剛性の大小により大方決定されるが、空力性能は、空気の乱れによる車の無駄な動きが減少することにより、穏やかで上質感ある走行性能を演出し、走行性能向上に磨きをかける役目を果たす。

ただしF1のレースカーなどでは常に高速走行なので空力が走行性能を大きく左右するが、一般の車は空力だけでは走行性能の本質は変えることはできず、補助的に有効な手段である。

空力向上による走行性能の一例として、図10-1に示すようにロッカーに前から後ろまで平板を真っすぐ設定すると、80km／h以上の高速走行で車の無駄な動きや振動が

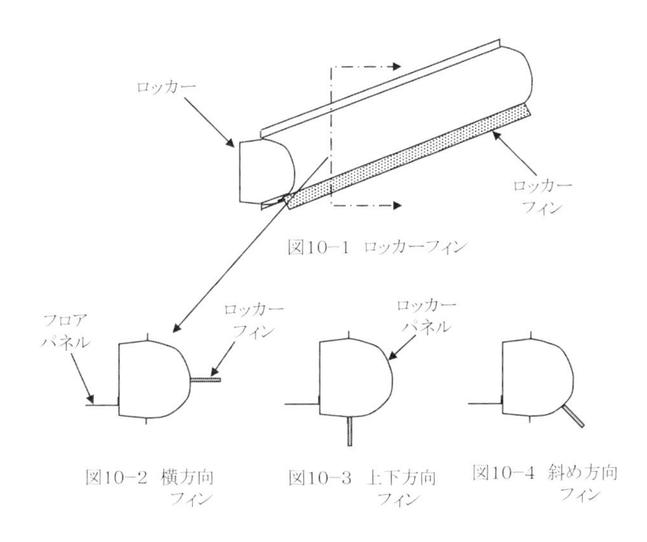

図10−1　ロッカーフィン

図10−2　横方向フィン

図10−3　上下方向フィン

図10−4　斜め方向フィン

なくなり安定する。その他、ドライバーは「上質な乗り心地」や「上質なステアリングフィール」を持った車に変化したことを感じ、高級車に乗っている感覚になる。旋回時には無駄な動きがなくなり、ステアリングの修正操舵が少なくなるため穏やかなステアリングフィーリングになったと感じる。ボール紙か段ボールを幅約30mmに切断し、粘着テープでロッカーのFrからRrまで貼付け、手で触れるとふらふら揺れる状態でもドライバーは十分にその効果がわかる。ただしフィンの向きによりその効果が異なる。図10-2に示すように水平方向にロッカーにフィンを設定すると、車のローリング方向の揺れが穏やかになり上質感が得られる。

図10-3のように垂直方向にフィンを設定すると、車のヨーイングが抑えられ直進安定性が向上する。図10-4のように斜め方向にフィンを設定すると、ローリング、ヨーイングの両方が穏やかになり上質感を保ちながら直進性も向上する。

車のロッカー最外部には樹脂化粧板が設定されている車が多く、スタイリングが重視され様々な形状のものがあるが、車の走行性能の向上を優先するなら直線基調であることが最適で、可能であれば斜め方向にフィン形状の突起を出すスタイリングを施してやるか、ロッカーの下側に別体の専用斜めフィンを設定することなど、工夫することが望ましい。

図10-5にロッカー下端に別体のフィンを設定した例を示す。

直線フィンが車の横を流れる空気の整流を行ない、このような現象が発生すると考え

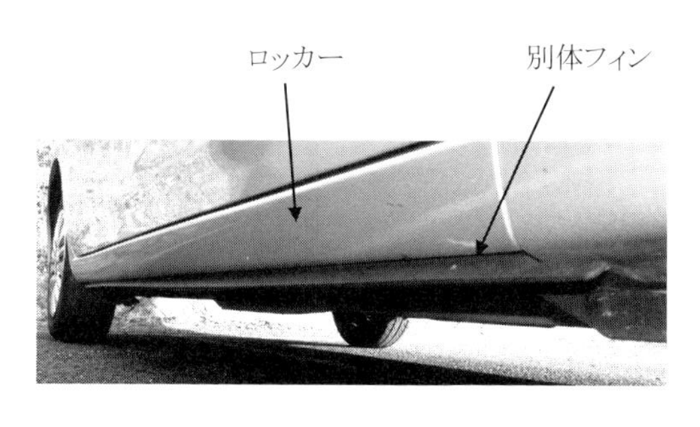

図10−5 別体ロッカーフィン
（トヨタ アリオン）

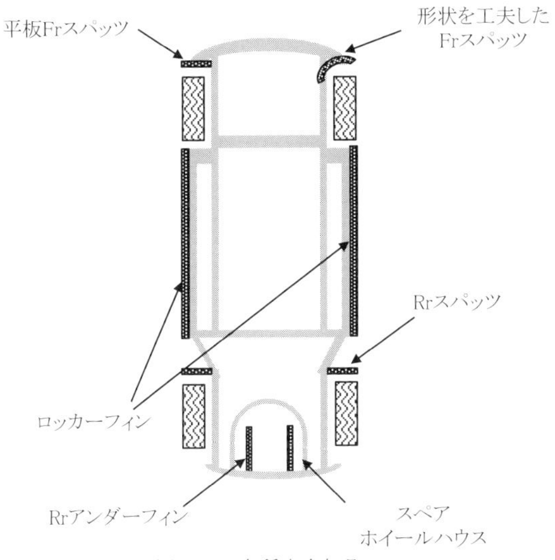

図10−6　各種空力部品

図10−7　Frスパッツ(トヨタ　ヴォクシー)

られ、直線基調ではなくうねうねとした模様が入ったスタイリングを重視したロッカーは逆に空気の乱れを起こし、走行性能に悪影響を及ぼしている場合もあると考えられる。

多くの車では図10-6、図10-7に示すように、Frタイヤの前方のバンパー下端にはスパッツと呼ぶ空力部品が設定されていることが多い。スパッツを設定すると高速走行時のステアリングの修正操舵が少なくなり、ドライバーは「ステアリング操作の上質感の増加」、「正確なステアリングフィール」を感じる。走行時Frタイヤハウスに流れ込んだ空気がタイヤやサスペンションにあたり渦を巻いて車を揺れ動かすことに対し、スパッツが空気がサスペンションに当たらないように整流して後方へ流すことにより、車のFrが揺れ動くことを防止するからだと考えられる。スパッツの形状によってもそ

図10−8　曲線形状にしたスパッツ[1]

図10−9　Rrスパッツ（トヨタ　アリオン）

の効率は違い、図10-7の左前のように板状の平板スパッツが一般的だが、走行性能の良い車では極力空気をタイヤハウスに入れずに後方へ流すよう、図10-8の右前に示すようにスパッツを曲線形状に工夫している。図10-9に示すようにRrタイヤの前にスパッツを設定することも効果があり、ドライバーは「Rrが安定する」、「上質な走行性能」等の感覚が得られる。

Rrボデーにはスペアホイールハウスがあり、乗用車ではスペアタイヤの収納のためRrボデー床面がくぼんで下方向にフロアが突出しているが、この外部下面に図10-6、図10-10のように20〜30mmの平板のRrアンダーフィンを設定すると高速走行時にRrの安定性が向上する。飛行機の垂直尾翼と同様な効果によりRrの微細な横揺れがなくなるからだと考えられる。

その他、車の底面の凹凸物をなくし極力平面にすると空力効果を得ることができる。高級車やスポーツスペシャルティーカーなどには、以前からカバーを底面に設定し真っ平らにしている車があったが、最近では大衆車でも樹脂カバーを設定する車が多くなってきた。燃費向上の目的で設定される場合が多いが、走行性能の向上にも大変貢献している。

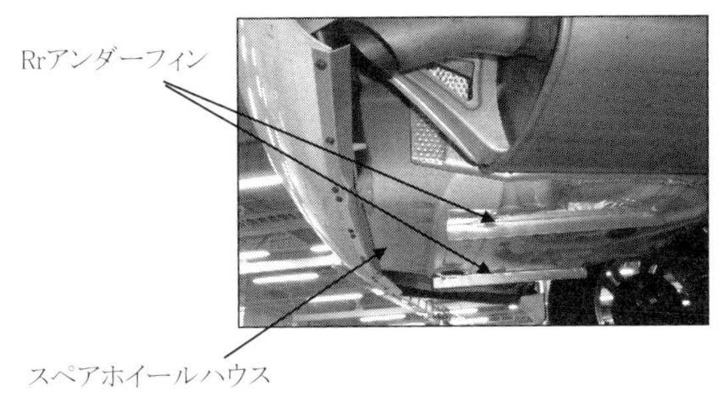

図10−10　Rrアンダーフィン

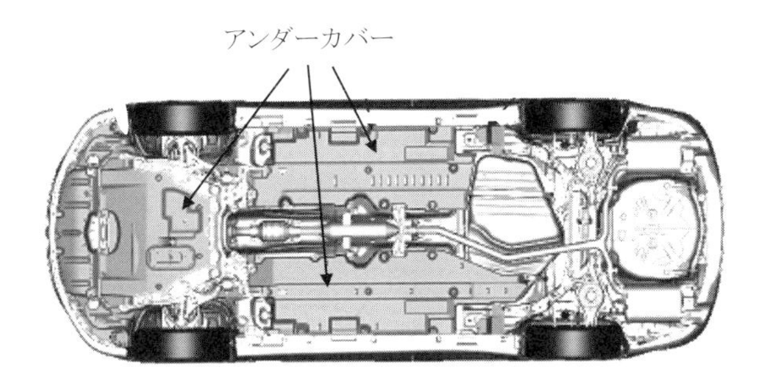

図10−11　マツダアテンザアンダーカバー(2)

ボデー底面に凹凸があると走行時車の下面を流れる空気が乱され、渦を発生し車を振動させ走行不安定にするが、カバーを設定し平らにすると渦が減少して振動がなくなり、安定性と高級感が増大する。旋回時にも振動による複雑で無駄な動きがなくなるためドライバーは、「正確なステアリングフィール」、「高級感、上質感あるステアリングフィール」、「安定性、安心感の増大」を感じる。またタイヤノイズなどの車の床面からの音が小さくなり、それによっても高級感、上質感のある車と感じられる。

図10-11はマツダアテンザのアンダーボデーを下から見た図で、Fr、Cntのほとんどの部分が樹脂カバーで覆われ平坦になっている。走行性能に注意を払っていない自動車メーカーのアンダーカバーは、取り付けのための突起や水抜きのための穴があいていたりして凹凸形状になっていることが多いが、欧州車をはじめとする走行性能を重視す

るメーカーは取り付け構造を工夫し、アンダーカバーは突起がなく真っ平らである場合が多い。

参考文献

(1)谷口正明、他7名　「マツダスピードアクセラのダイナミック性能開発」、『マツダ技報』No25、2007
(2)嶋中常規、他4名　「新型マツダアクセラのダイナミック性能」、『マツダ技報』No.27、2009

第11章
タイヤの接地面測定

タイヤは柔らかいゴムでできているので車の荷重がかると変形し、幅約15～25cm、前後方向5～10cmの長さで道路と接する。乗用車の場合1～2トンの自重を4本のタイヤで支えるので一つのタイヤに250～500kgの荷重が発生し、意外と小さな接地面積で大きな車の荷重を支えていることになり、不思議な感じがする。

車が停車している時や直進時は接地面形状は長方形で面圧も均一であるが、旋回すると車の荷重移動が発生するため、接地圧変化や接地面の形状が変化する。

ブリヂストンから走行中の接地形状を測定する方法が報告されており、その方法はタイヤの内側のトレッドの裏面に歪ゲージを貼り付け、走行時の歪変化を測定してデータ処理するものである。

図11-1に示すように円形であるタイヤは、道路と接触する部分は一部押されて平面になっている。走行中タイヤが回転している時、トレッドは円形から「道路に接触時：曲げ」、「道路と接地中：平面」、「道路から離脱時：曲げ」の状態になりその後円形に

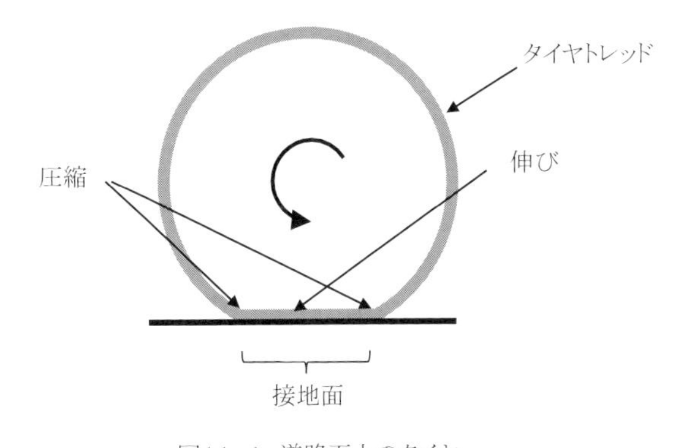

図11−1　道路面上のタイヤ

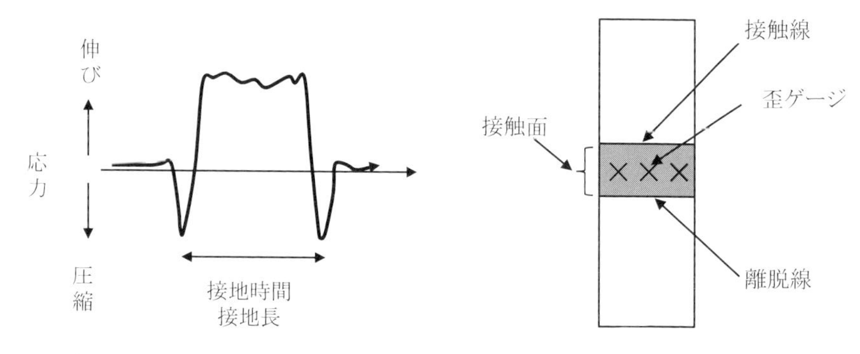

図11−2　タイヤとレッド裏面の応力

図11−3　直進時の接触面形状

戻る。ゴムでできたタイヤトレッドの裏面はこれに従い、「道路に接触時:圧縮応力」、「道路と接地中:伸び応力」、「道路から離脱時:圧縮応力」が発生する。

このときの応力の概要を図11-2に示す。接地と離脱の二つの圧縮応力のピークの間が接地している部分であり、その時間を測定し速度を乗じると接地長になる。実解析では出力の微分値の最大値の時間を測定する。

図11-3のようにタイヤトレッドの裏側に3点以上歪ゲージを取り付け、走行中のそれぞれを測定整理すると、タイヤの接地形状を決定することができる。車が平坦な道路を直進している場合は、接地面は長方形で図11-2のように3個の歪ゲージの出力は同等であるが、旋回時は図11-4のように歪ゲージの出力は変化して接触点と離脱点の間の時間が異なり、データーを整理すると図11-5の三角形状、または台形形状になる。

この方法を利用すれば、様々な走行時の測定値を比較することにより走行性能の良し悪しの判定や改良方法を見いだすこともできると考えられる。筆者はこの方法を用いてエンジン質量の異なる場合を想定し、エンジンルームに積み込んだおもりの重さを変更してタイヤの接地形状を測定した。タイヤがキーキーというスキル音を発するような高速8の字旋回を行なった結果、エンジンルームのおもりが重いほどスキル音は大きくなったが、スキル音の大きな変化があるにもかかわらずタイヤ接地形状の変化はなかった。走行性能の違いとタイヤ接地形状とは何らかの相関があるのではないかと考えられるが、それを明確にする試験方法の開発がこれからの課題である。現在、この方法を用いて

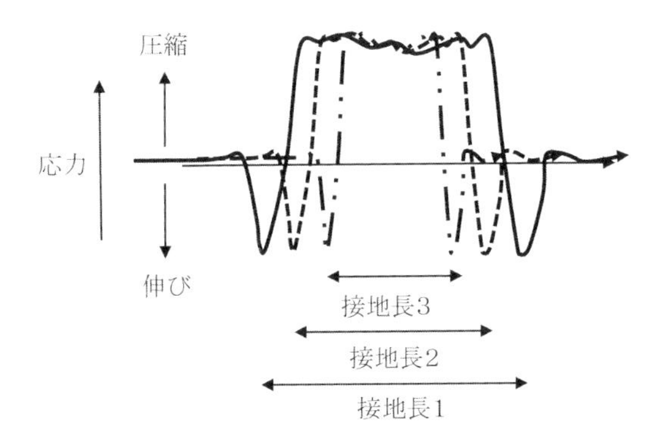

図11−4　旋回時の歪ゲージ出力

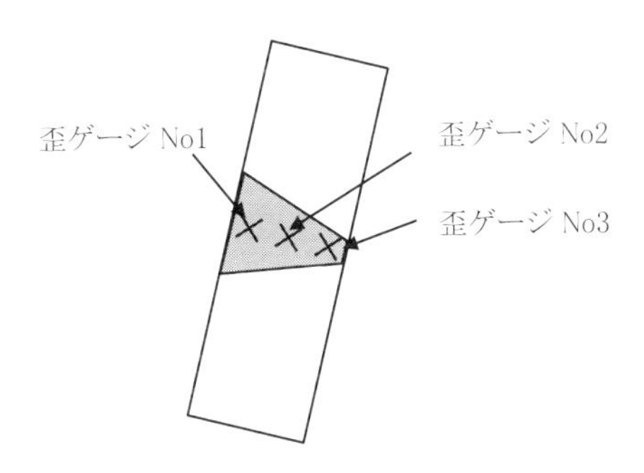

図11−5　旋回時の接触面形状

走行性能を解析した他の研究結果もまだないが、今後様々な研究に発展することが期待される。

第12章

ドライビングシミュレーター試験

自動車の研究にドライビングシミュレーターが使われることがある。ディズニーランドやユニバーサルスタジオなどのアトラクションで使われるような上下、前後、左右の加速度が発生する乗り物と同じもので、アトラクションとの違いは自分でステアリング操作することができ、車を運転しているような加速度感覚が得られる装置である。

ドライビングシミュレーターは自動車の研究では大きく2つの分野で使われる。一つは道路、交通環境を再現し、交通安全などの走行シミュレーションを行なうもので、もう一つが今回解説している走行性能の模擬試験、解析である。

ドライビングシミュレーターは本来飛行機の離着陸訓練や、電車の発進、停車のような穏やかな動きをシミュレーションする研究に適したものである。というのはドライビングシミュレーターは可動部分の質量をよほど軽量化しないと、実際の車の走行のような早い加速度変化や応答性を得ることが大変難しいからである。

体育館のような広間に縦横のレールを設置した大掛かりなドライビングシミュレーター(図12-1)を持つ自動車メーカーもあるが、質量が大きいため急加速度変化をシミュレーションすることが難しく、道路をゆっくりと走行し交通安全や視界の研究などに向いた装置と言える。ワインディングロードなどの走行性能の研究には稼働動力部モーターの出力が大きいほど、そしてドライバーが試乗する運転席に相当する部分が軽いほど優れたものであり、小型のシミュレーターの方が走行性能の研究には適している(図12-2)。

またシミュレーターは回転することはできないため、右旋回や左旋回ばかりすることは不可能で上下、前後、左右の往復運動が必須であり、よってドライビングシミュレーターを走行性能の研究に用いる場合は、自動車の加振装置として使うことに適している。

図12－1　大型ドライビングシミュレーター[1]

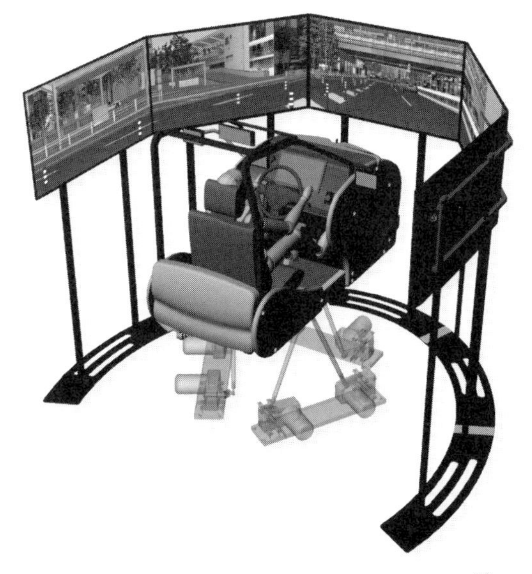

図12－2　応答性の良いドライビングシミュレーター[2]

参考文献

(1)三菱プレシジョンメーカーサイト、2007

(2)フォーラムエイトHP「情報利用型人間―自動車―交通流相互作用系シミュレーションシステム」(九州大学)、2012

第13章

視界について

自動車の安全性に対して車の周りの視認性の良いこと、つまり視界の良さが大変重要なことと、視界の悪い車は運転中神経を使うことが多く疲労の原因になり、安全性に悪影響を与える。

車の外形スタイルは販売台数に大きな影響を与えるため、各自動車メーカーはスタイリングの開発に力を入れることになるが、外形スタイリングの方法により車の視界は随分異なるものになる。車の先端からなだらかな曲線でエンジンフード、Frピラー、ルーフを一直線になるようにスタイリングデザインをすると、流麗な流線型スタイルになり、自動車メーカーはこの手法でデザインしがちになる。しかし一般的にはこの流麗なスタイルと車の視界の良さは相反し、車のスタイリングを流線型にしようとすると図13-1に示すようにルーフを支えているFrピラーの最下部を車の前方に、また、前後のスタイルのバランスをとるためRrピラーの最下部を後方に配置する必要がある。前方視界は図13-2、図13-4に示すように横方向と下方向の視界があり、Frピラー間の角度が広いほど見やす

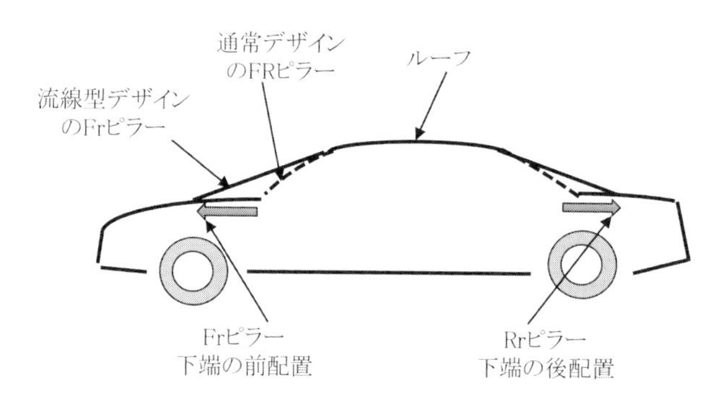

図13−1　流線型スタイリングのための
ピラー下端部の移動

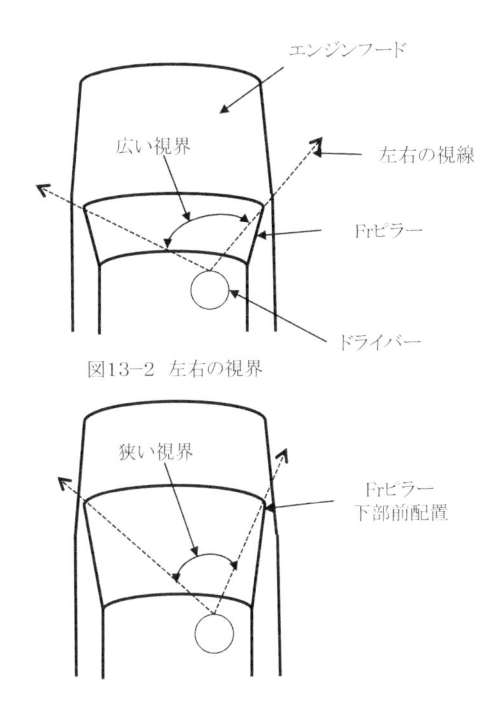

図13−2　左右の視界

図13−3　Frピラー下端前出しによる左右視界の縮小

く、Frピラー位置が大きな影響を与える。車を流線型スタイルにしようとするため、図13-3のようにフロントピラーの下端を前配置すると、Frピラーに視界が遮られるようになるため左右方向の視野角度が小さくなる。

さらに下方視界について考察する。Frウインドシールドガラス（前面ガラス）の前下端部には、雨の日に雨水をワイパーでガラス下部に集約し、それを車の外に排出するための図13-4、図13-6に示すカウルという構造物が、左右のFrピラーをつなぐように存在する。家屋で言う屋根の樋の役目をする部品である。

図13-4のようにFrピラー下端がそれほど前方配置でない場合はエンジンの後方にカウルが存在し、ドライバーの下方視界は良好であるが、流線型スタイリングをめざしてピラー下端部を前方配置しようとすると、単純に水平前方にカウルを移動することはできない。

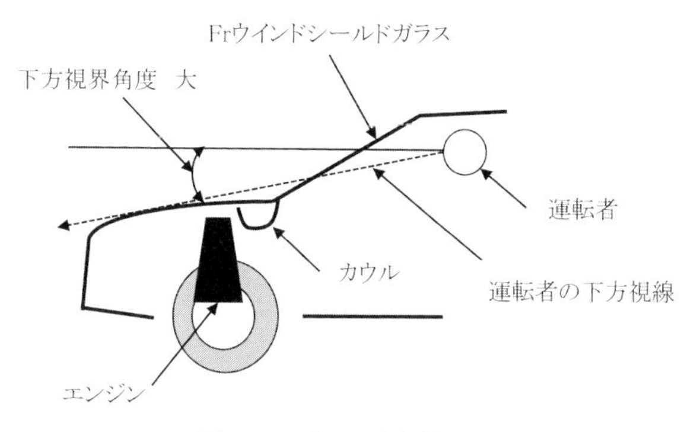

図13−4　車の下方視界

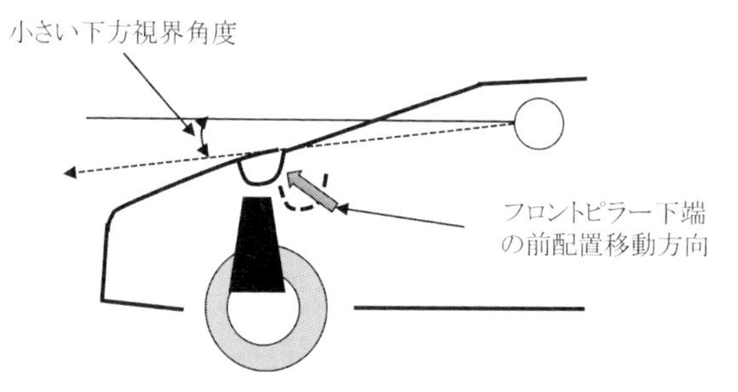

図13−5　フロントピラー下端前方配置の車の下方視界

ほとんどの車のエンジンはフロントエンジンルームに存在するので、図13-5に示すようにカウルはエンジンと干渉しないよう、エンジンの上部に覆い被さるように配置する必要がある。カウルが高い位置に配置されるとその上に配置されるウインドシールドガラスの下端位置が高くなり、その結果図13-5に示すようにドライバーにとって下方視界が悪く、前が見にくい車になる。Frウインドシールドガラス下端位置が上昇すると車全体のスタイリング上、Frドアガラスの下端位置も高い位置に合わせる場合が多く、ドアガラスからの横方向の視界も悪くなる。まるで風呂桶に深く沈み込んだような感覚になり、走行中外が見にくくなるためドライバーにとってストレスが大きくなる。高速走行する欧州車、特にスポーツカーなどはこの点を考慮してFrピラー下端を前方配置しないように設計考慮されている車が多い。その他、Frピラー下端を前方へ移動すると下記に示すように車両質量が増大する欠点が発生する。

(1)流線型形状にするとFrウインドシールドガラスが長く大きくなる。

(2)エンジンの上にカウルが配置されるとエンジン組み付けが困難になるため、ボデー一体カウルから別部品の組み立てカウルに変更する必要がある。

(3)前方に下端が移動したFrピラーと、大きくなったFrウインドシールドガラスを支えるためカウルサイドパネルを延長し、さらに強度を増大する必要がある。

(4)FrドアとFrピラーの間に三角ガラスが必要になったり、大きくする必要がある。三角ガラスの大きい車は一般的にFrピラーが前方配置されて視界の悪い車の場合が多く、車選びの参考にすると良い。

(5)カウル位置が高くなりドライバーの前方視界を確保するため座る位置を高くする場合がある。その場合車高が高くなり車が重くなる。
参考として乗用車であれば車高が100mm高くなると約50kg車両質量が増大する。燃費向上のため質量低減を行なう必要があり、そのため他の部分で鉄板の板厚を薄くしたり、リーンフォースを小さくしたりしてボデー剛性が低くなる設計になり、走行性能が悪化している車も見受けられる。

このようにFrピラー下端を前方配置するメリットはスタイリングだけで、車の本来の機能には悪い点が増大するだけである。

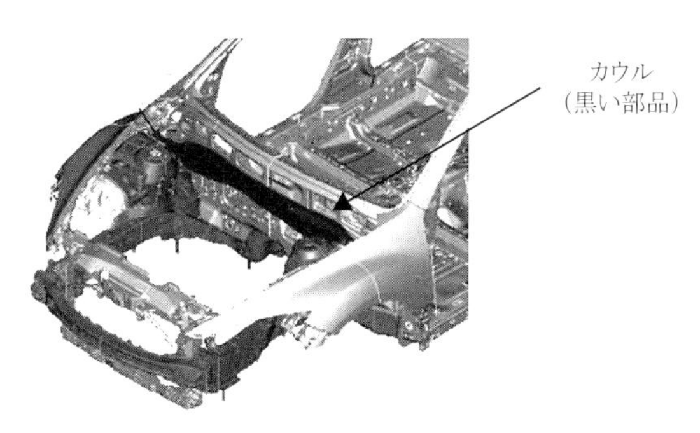

図13−6　カウル構造[1]

Rrピラー下端を後方に移動した場合も同様に、後方視界が悪化するし、構造上質量が大きく重くなる。

Frピラーを前方配置したり、Rrピラーを後方配置した流線形状に頼らなくても、良いスタイリングの車を創りだすのが良いカースタイリングデザイナーであり、工業デザインのあるべき姿である。

参考文献

(1)豊島由忠、他7名　「新型マツダアテンザのダイナミクス性能」、『マツダ技報』No.26、2008

第14章
走行性能の測定方法

ボデー剛性の大小による走行性能の良し悪しを実感し、評価するためのいくつかの方法がある。

最もわかりやすいのが凹凸のある曲線路を自分の運転技術でコントロール可能なぎりぎりの最高速度で走行し、その時の「車の安定性」や「ステアリングの修正操舵の多い少ない」や「運転の恐怖感」を比較することである。走行性能の良い車はステアリングの修正操舵が少なく、ふらふらしないので恐怖感を感じることなく速度を上げて走行することができるが、そうでない車は恐怖感が大きくストレスが増大し、速度を上げるには勇気が必要になる。日本の道路は凹凸の大きい道や恐怖感を感じるほど高速で走れる道はなく、欧米と異なり交通量が多いことを考えると危険なので実施すべきではない。自動車メーカーのテストコース以外には高速で評価できる道はないと言える。日本以外の世界各国の道路は凹凸が多く高速で走る道路が多いため、日常から一般の人により車は評価されていることになる。そこで日本の自動車メーカーの中には日本の一般道路では高速走行試験ができないため、わざわざ開発試験車を欧米に輸送して実際の道路での高速走行試験を行なっている例もある。

日本で一般の人でもボデー剛性を簡単に評価できる方法があり、それは共同住宅の内路などに設置されているスピードバンプ（図14-1）と呼ばれる突起を、斜めに乗り越える方法である。速度はバンプをゆっくり乗り越えるくらいの微速度で評価

図14−1　スピードバンプ

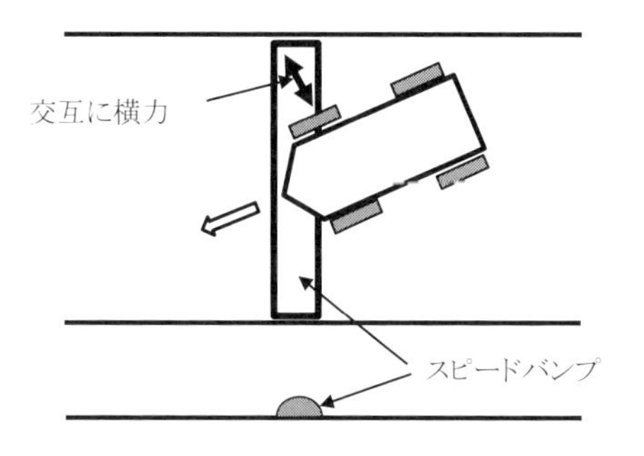

図14−2　道路突起を斜め横断によるボデー剛性評価

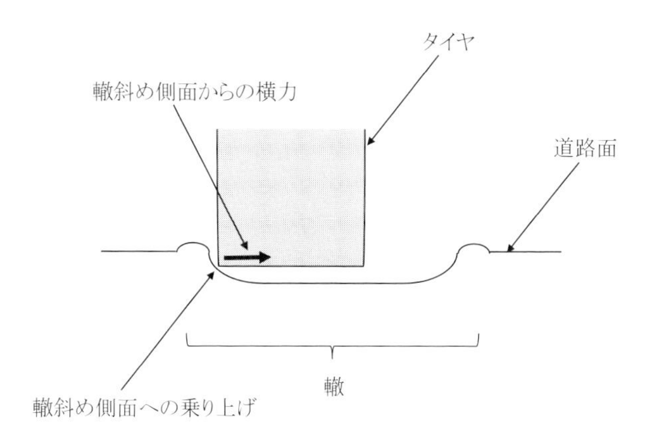

図14−3　轍からの横力

できる。スピードバンプを斜めに乗り越えると、全タイヤに交互に上下方向の入力が入ることはもちろんであるが、さらに図14-2に示すようにタイヤが突起を上る時右下方向に横力が発生し、降りる時左上方向に横力が発生し、4輪に交互に横力が発生する。その結果ボデー剛性が小さいほど横揺れが大きく、剛性が高いほど横揺れが小さくなる。

ボデー剛性の高い車は横揺れが小さくスピードバンプの突起を乗り越しても縦揺れしか感じられない車が多いが、ボデー剛性の低い車は横揺れも縦揺れも大きくグラインドするような動きになり、ドライバーがガラスやピラーに頭をぶつけるような場合もある。

筆者がこの方法に気がついたのは、開発していた車と日産車と韓国車を比較試乗していて、スピードバンプを斜めに横断する必要があったとき、日産車が横揺れが最も少なく韓国車が2番目に少なく、開発車が格段に横揺れが大きく、新興メーカーの韓国車が予想外に良かったことにびっくりしたことにある。

ところで交通量の多いアスファルト道路で轍(わだち：タイヤによる道路の凹み)の多いところを走行した時、ステアリングがタイヤにより回転させられる経験をされた方が多いと思う。この現象はバンプを乗り越える時と同等で、図14-3に示すように轍の斜め側面にタイヤの角が乗り上げ横力が発生してタイヤの方向が道路により強制され、その結果ステアリングが回転させられるものである。ステアリングが回転させられると同時に車に振動が発生し、ボデー剛性が低いと振動が大きくなり不快を感じる。

同じ車の場合、大きなサイズのタイヤを装着すると横力が大きくなりステアリングの回転力は大きい。また同じタイヤサイズでもタイヤ角部分が尖っているほど回転力は大きく轍に対して敏感になり、タイヤ角部が丸いほど鈍感になる傾向がある

ボデー剛性が低い車に走行性能を向上しようとやたらと幅の広いタイヤに変更すると、この轍によるステアリング性能の悪化が起こり逆効果になるため、注意を要する。

第15章
騒音について

15.1　エンジンこもり音

騒音が大きい車に長時間乗っていると疲労が大きくなり、小さい車ほど安全な車と言える。ボデー骨格構造やエンジンレイアウトにより大きく騒音が変化する例として、エンジンこもり音があげられる。具体的には「ゴー」という耳に圧迫感のあるような音である。エンジンのピストンの往復運動が起震源の最も大きなものであり、その振動により主にエンジンルームと室内空間を仕切るダッシュパネルという厚さ約1mmの鉄板が振動し、室

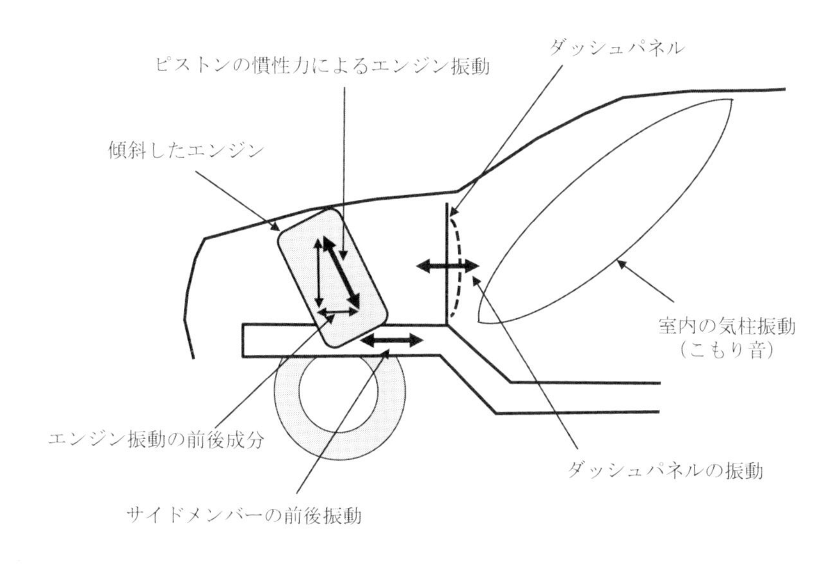

図15−1　傾斜エンジンによるエンジンこもり音発生

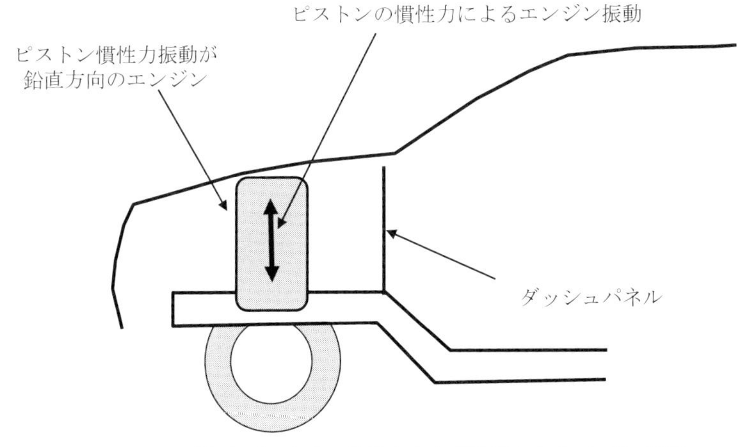

図15−2 ピストン慣性力方向が鉛直方向のエンジン配置

内空間の気柱共振を引き起こし200〜300Hzの騒音が発生する現象である。つまりダッシュパネルがスピーカーの役目をして騒音が発生しているわけで、この振動を低減することが対策になる。

エンジン本体の振動を低減したりエンジン防振マウントの性能を向上することはもちろんであるが、エンジンピストン往復運動方向が上下方向になるように搭載すると前後方向の振動成分が低減しダッシュパネルを振動させる成分が少なくなる。

FF車でエンジンを横置きした場合、図15-1のようエンジンが傾いて搭載されるとピストン往復運動による起震力の前後成分がエンジンを取り付けているサイドメンバーを介してダッシュパネルに伝わりダッシュパネルが振動して音を発生することになる。

図15-2のようにエンジンピストン運動方向が鉛直になるように搭載するとダッシュパネルの振動を小さくすることができる。FR車の場合エンジンは縦置きになりピストン往復運動による前後振動は発生しないためこもり音は小さい傾向がある。

ダッシュパネルにリーンフォースを設定することによりこもり音を低減することができる。

ダッシュパネルは厚さ約1mmの平面板であり、何も補強がないと200〜300Hzに共振点を持つことが多く大きなエンジンこもり音が発生する(図15-3)。

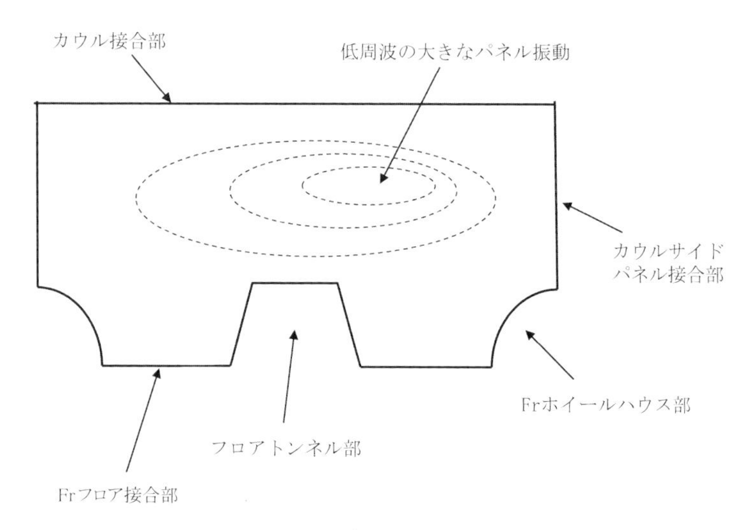

図15−3 リーンフォースがない場合のダッシュパネルの振動

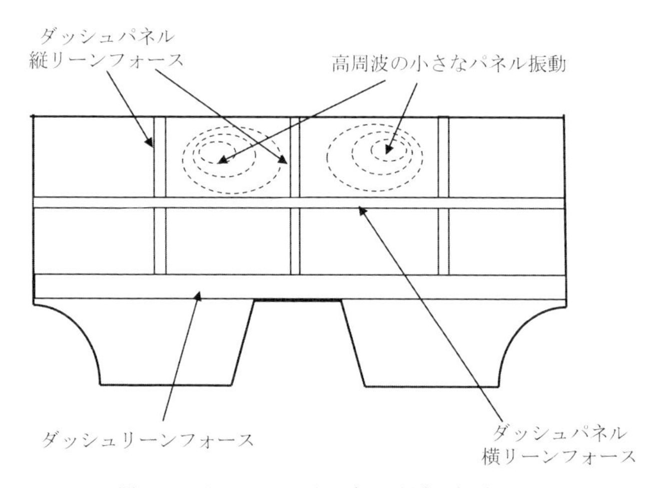

図15−4 リーンフォースを設定した場合の振動

その対策として図15-4のように剛性の高いダッシュパネルにリーンフォースを溶接して細かく分割し平面部を小さく区切ると、共振周波数が高くなりこもり音領域から外れて、こもり音を低減することができる。

15.2 エンジン透過音

車室内には車外から様々な音が入ってくるが、最も大きなものはエンジンが発生する振動騒音によるエンジン透過音である。一般的な車はFrにエンジンを搭載しているため主にエンジンルームと車室を分けるダッシュパネルから、一部はフロア面から騒音が透過してくる。低騒音にするためには図15-5に示すように防音材で車室を覆う方法がとられ遮音材や吸音材が使用される。

400～1000Hzの騒音はゴムや樹脂の1～3mmの厚さのシートと、10～30mmのウレタンやフェルトを組み合わせた複合遮音材で対応し、1000Hz以上の高周波には10～30mmの厚さのウレタンパッドやフェルトなどの柔らかく空気を含んだ吸音材で対応する。

遮音材は質量が大きいほど防音効果がある。鉄筋コンクリートの家が重いコンクリート壁で上下左右覆われるため静かなことと同じ理由である。吸音材にはウレタンが優れている。しかしウレタンは重いためサイレンサーを分割して車両に組み付ける必要があったり、車両重量が重くなり燃費性の悪化につながったりする。軽量化のため様々なフェルト系の素材が開発され採用されつつあるが、ウレタンは重いため遮音性能も高く、パ

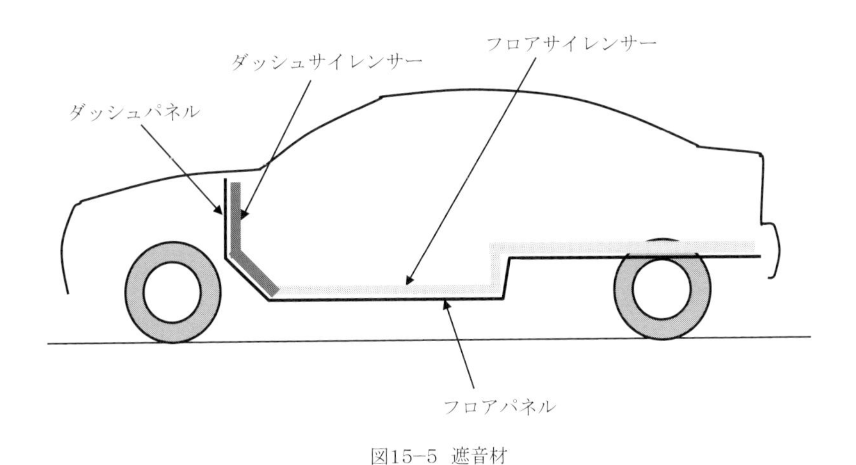

図15−5　遮音材

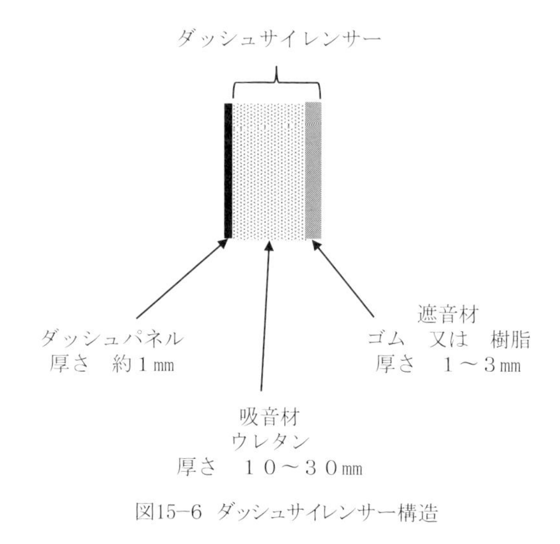

図15–6　ダッシュサイレンサー構造

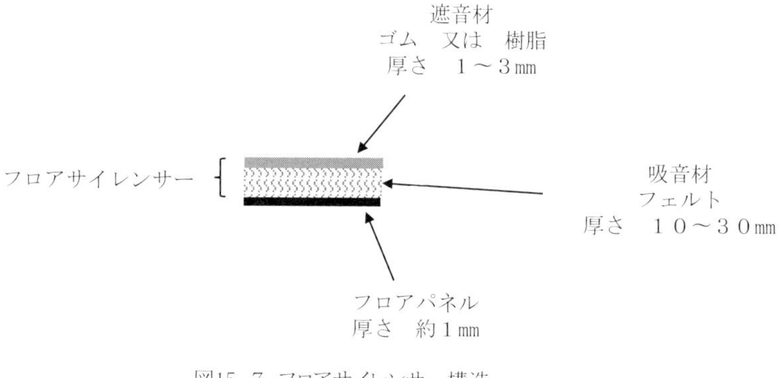

図15–7　フロアサイレンサー構造

ネルと吸着する性質があるため、制振効果もあり総合的防音性能としてはフェルトはウレタンに劣る場合が多い。防音性能を重視する高級車にはウレタンが採用されている例が多い。

図15-6にダッシュサイレンサーの構造の例を示す。遮音材にウレタンを整形接着し、ダッシュパネルに押し当てて組み付ける。筆者の経験では重くなっても最も騒音の透過

の大きいダッシュパネルのサイレンサーはウレタンを用いた方が効率が良い。一方図15-7に示すようにフロアサイレンサーは質量を考慮しフェルトを用いても許容できる。ただしフロア面に厚いフェルトを用い軽量化のために遮音材の厚さを薄くすると、乗車した時床面が凹み品質感に欠ける問題が発生することに注意を要する。

車のコンセプトに基づく騒音の目標に応じて素材は選ぶ必要がある。

15.3　ディーゼルエンジン車の騒音について

日本でディーゼルエンジンの車というと騒音が大きく“うるさい”というイメージが強いが、欧州のディーゼル車に乗車すると、そのイメージは偏見であることがわかる。欧州のディーゼル車は車外ではディーゼルエンジン独特の“ガラガラ”という音が聞こえるが、車室内ではほとんどガソリンエンジン車と同等の静粛性を持ち、ディーゼルエンジン車に乗っているという感覚がない。これは欧州車は防音材をふんだんに使っていたり、ボデー剛性が高いことによるものである。欧州の自動車市場はディーゼルエンジン車が主流であるためにその必要性が高く、防音に力を入れていることも考えられる。

筆者が米国のスポーティ車の開発を行なっていた時、米国の営業部門から“アウディTTのようなお腹に響く低音のスポーツサウンドを車の魅力として付加して欲しい”という要望を受けた。車外で聞こえるスポーツサウンド自体は排気管マフラーの構造を工夫すれば容易に作り出すことができることが解ったが、ドライバーとして走行してみると室内の騒音が大きすぎてとても乗っていられない車であった。アウディTTを調査すると防音材がふんだんに採用され、車外で大きなスポーツサウンドが出ていてもその音を室内に入れない、非常に高い防音性能が確保されていることが解った。筆者の開発していた車のプラットフォームはそのような分厚い防音材を搭載できるような構造ではなくあきらめた経緯がある。

車の音色を自由につくり出すには、防音性能も自由につくり出すことのできる技術が必要である。ボデー剛性はロードノイズにも影響すると考えられる。経験的にボデー剛性の低い車は、荒れた道路でロードノイズが大きいことはもちろんであるが、路面の荒れ方の変化に対し、ロードノイズの音色が変化する。ボデー剛性が高い車はロードノイズが小さく音色変化も小さい。欧州車はロードノイズの音色変化が小さい車が多く、ボディー剛性が高いと推測できる。ロードノイズとは、車が走行した時にタイヤが道路表面の凹凸入力により振動し、室内で聞こえる100～300Hzの「ゴーッ」という音を言う。

第16章
実車両への技術の導入

今まで様々な走行性能の改良について述べてきたが、ここで筆者が実車両にどのように技術を導入したのかを紹介する。

すでに述べたが筆者は車両の製品企画と開発を行なう間に、幸運にもサブ開発責任者として5車種で開発の訓練を受け、その後開発責任者(チーフエンジニア)として12車種、合計17車種という部署として最多の車種の企画、開発に従事することができた。

開発車種が多かったことから、開発過程で発見したものの、その車種に織り込めなかった新しい走行性能向上に関する技術は、次の開発車に織り込むことができた。その繰り返しにより次々に走行性能の知識を得ることができたし、良い車を開発して販売に結びつけることができた。

開発責任者の責任は大きい。実際職務は設計や実験を行なうのではなく、車のコンセプトや開発方針などについて責任者としての思想を述べ、設計部署や実験部署の協力を得て開発を行なうというものである。よって、設計部署や製造部署の都合もあるため、全く開発責任者の思った通りの車両が開発されるわけではないのは当然と言える。また部署内で大きな権限を持つ人が走行性能に対する優先順位の高くない人であると、その啓発、説得に多大な努力が必要になる。しかし、情熱をもってその思想を語れば語るほど開発責任者の理想に近い車が開発できる。そういう意味で筆者は一貫して走行性能の良い車で、その技術により価格(コスト)が極力高くならないことを目指し各部署の説得を試みた。

筆者が開発責任者として最初に開発を手がけたのが図16-1に示すオーパという車である。

室内空間が広いがコンパクトな車というコンセプトで、特段に走行性能を取り上げる

図16-1　オーパ

必要のある車ではなかったが、ボデー剛性を向上して安価に走行性能を向上するモデル車種にならいかと願い、できる限りのアンダーボデー剛性向上技術を取り入れた車種である。

コンパクト性を実現するため、Rrオーバーハングをできるだけ短くした構成をとることにした。そこで開発初期、ベース車の後部を切断し短縮した試作車を製作した。その車を試乗したところ、短縮しただけで軽快な走行性能になった。これは、後端の質量が小さくなったことと、短縮のための改造でボデーが補強されたことによるものと推測される。

オーパにはこの本で紹介しているベーシックなアンダーボデーの補強部品はほとんど織り込んだ。具体的には図5-21のバンパーリーンフォースの取り付けボルト数の増大、図5-33、図5-34、図5-40、図5-41、図5-43、図5-44、図5-45、図5-46、の補強プレート、などである。

図5-4に示すダッシュリーンフォースに関しては、プラットフォームとして断面の小さなリーンフォースがFrフロア下面に設定され、サイドメンバーと接続せず結合されていないという剛性上有利とは言えない構造であった。結合しようとしても、エンジンルーム内の部品との干渉があったり、配管類が通っていたため変更改良することができなかった。その改善策として図5-34に示す補強プレートを改良し、ダッシュリーンフォースとサイドメンバーの結合を補強した。

この車両の開発においては、捩り変形より平面変形を防止することに注目してボデー剛性を向上しているつもりであったが、結果として捩り剛性向上にもつながり、その改良効果が大きかったのではないかと考えられる。

オーパで採用したステアリング系のステアリングサポートは、パイプ太さ、パイプ板厚が大きく、さらにカウルサイドとの取り付け剛性が高い構造であった。そのためステアリングシステム全体としての剛性は高いものであった。

ベース車を試乗したところ「Rrの安定性が良くない」という評価が多かったため、Rrのボデー剛性を高めてRrの安定性を向上することを主眼において開発を進めたが、ステアリングシステムの高い剛性も含めると前後均等な剛性バランスのとれた車になったと考えられる。

走行性能としてはミッドサイズの大きい車にしては非常に軽快感のある、ステアリングフィールが優れたものであった。特に排気量の小さいエンジンを搭載した車両は旋回時、回頭性が良くフットワークが良いという感覚の走行性能が得られた。

この車で得られたボデー剛性の向上技術は、他の車にも流用展開された。

過去になかった流麗なスタイリングを実現することもオーパのコンセプトの一つであったため、Frピラー下端を前方に配置し、別部品のカウルがエンジンの上に設定される構造をとった。そのため第13章で述べたようなスタイリングによる視界の悪化を防止するため、細心の注意を払い開発を行なった。

乗員位置の工夫、ワイパー位置を極力下方向に配置し、Frウインドシールドガラスのセラミックシェード幅の縮小、内装部品形状の工夫など行ない、下方視界などは従来のセダンなどより、優れた車として開発できた。

さらにボデー剛性を向上する技術の採用が大きく進み、筆者の走行性能に関する知識が飛躍的に増大し、実験理論の正しさを確信した車が図16-2に示すカルディナである。他の車種とは異なり、高速道路を長距離ゆったり、安心して走行できる、グランドツーリングをコンセプトにした車であったことから設計部署や製造部署の同意が得られ、開発が行なわれやすかったことが一つの大きな要因である。

開発のベースとなった車は、比較的剛性の高い車とは言えず、評価者からはオーパの時と同様Rrの安定性のさらなる向上が指摘されていた。

まずグランドツーリング車のコンセプトからRrサスペンションをトーションビームからダブル

図16－2　カルディナ

ウイッシュボーンサスペンションに変更し、上級車のイメージを獲得しようとした。しかし、走行時のRrの安定性はあまり変わらなかった。この事実によっても、走行性能は、サスペンションの構造によってではなくボデーによって向上すると確信でき、Rrボデーの構造やサスペンションの取り付け剛性を向上することにより、Rrの剛性を向上する技術を取り入れることにした。

トーションビームサスペンションがボデーへの取り付け部位の数が2ヵ所であるのに対して、ダブルウイッシュボーンサスペンションは6ヵ所と3倍になり、取り付け剛性を向上することが行ないやすい構造であり、徹底してRr剛性を向上改良した。

具体的にはオーパに採用したボデー補強構造以外に、図5-35、図5-36、図5-49、図5-50、に示す補強プレートなどのボデー剛性向上技術を導入した。

評価者によるFrに関する走行性能の評判は悪くなかったため、Fr側にはオーパとほとんど同様の剛性向上技術を採用した。

結果、Rrボデー剛性が非常に高くRrが安定した車になった。高速道路をどっしりと安定してストレスなく長距離走るというグランドツーリングのコンセプトにぴったりした車が開発できた。

しかしステアリングシステムに関してはオーパとは違い、ステアリングサポートについてはコストとの兼ね合いもあり、カウルサイドとの取り付け構造が異なるものとなったため、オーパ同等の取り付け剛性とまでは行かなかった。

一般車よりは格段の旋回性能の良さは持っていたが、Rrボデー剛性が相対的にFrボデー剛性よりずいぶん高い車となったため、クイックな旋回性能ではなく、あくまでもグランドツーリングとして優れた車になっていたと言える。逆にサーキットなどで高速旋回走行をしようとすると、安定はしているもののアンダーステアが目立ち、曲がりにくい車でもあった。

カルディナの開発にはレーサー兼務のジャーナリストに多大な情報をいただいたり、運転中同乗をさせていただき車の様々な現象を体感することができた。レーサーに同乗させてもらうと自分の運転では不可能な高速度領域の、車両の走行現象を経験することができる。そしてレーサーは高速走行しても運転に余裕があるため、走行中でも車の挙動に関しての十分な説明や質問に対する回答をしてもらうことができた。その経験も走行性能の開発や理論構築に大変役に立った。それ以前は、レーサーの運転は荒っぽいものだと思っていたが、それは偏見であることがわかった。高速で運転するため、急激な運転操作をおこなうと走行する車の挙動の変化が大きくなり危険を伴う。よってギアを変速する時や、旋回時にステアリングを回転する時はなめらかに操作する必要がある。レーサーの運転する車に同乗すると、ステアリングの回転は途切れることなくスムーズに左右の回転を行なうし、必要であれば急操作を行なうのであるが、これを連続的におこなう。トーヒル(ヒール・アンド・トー)減速操作は、一般の訓練されたドライバーが行なうといつ操作しているかがわかるが、レーサーはいつトーヒル減速操作を行なったかわからないくらいスムーズである。そうでないと高速で競うレースに勝てないばかりか、スピンモードになり事故につながるからだと思う。

ラリードライバーに同乗させてもらい感銘を受けたことがある。通常走行時のドリフト走行にも感心したが、新雪のワインディングロードを走行して、ミスをして路肩の雪の土手に突っ込んだ時、バックして脱出する時の脱出速度の速さには感激した。前後進のギアを交互に素早く何度もチェンジし、あっという間に脱出した。その間常時バックミラーで後続車を見張っていた。ラリー競技においては一定間隔で次々に競走車が発進するため、停止していると後続車に追突されるからである。その他、多数のジャーナリストの方と公私ともにお話をする機会がずいぶんあり、その中の話題や議論もこの本の内容の貴重な情報源になっている。

図16−3 サイオンtC

その後、スポーティーカーとして図16-3に示すサイオンtCという米国専用車の開発を担当した。

日本では販売されていなかったため日本の方には馴染みが薄いと思うが、米国の若者の心をとらえた2ドアクーペである。

若者の車がコンセプトだったので「若者が購入可能な低価格で、いかにスポーティな車を創るか」がコンセプトであった。

すでにカルディナで走行性能の良いプラットフォーム（アンダーボディ）ができあがっており、流用すれば開発費を抑えることができた。また、製造のための投資の償却も済んでいるため安価な車を開発することが可能であった。

グランドツーリングではなくスポーティさがコンセプトなので優れた旋回性能も期待される。また米国の道路でベース車（カルディナ）を評価するため、山岳部（ロッキー山脈）の高速道路（フリーウェイ）で半径の大きなワインディング道路を走行したところ、高速（130km／h以上）でRrは安定しているが旋回中に修正操舵がしにくいため恐怖感を感じることがあった。よって優れた旋回性能、ステアリングフィールが必要であり、主にFrボデー剛性の向上技術を織り込むことになった。

具体的にはステアリング系の剛性を向上する技術を採用した。

図16-4に示すようにステアリングサポート（写真は一般的なステアリングサポートを示

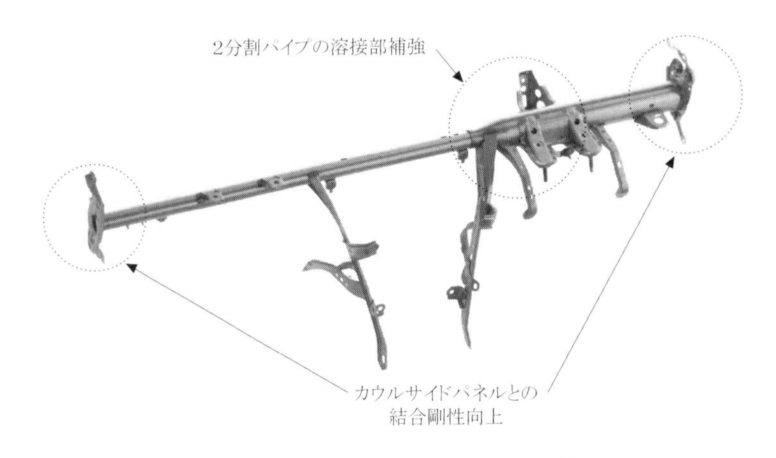

図16−4　ステアリングサポートの剛性向上[1]

す）のパイプ板厚を厚くすることと、2分割タイプであったので2本のパイプの溶接長さを増大することによりパイプ剛性を向上した。また、カウルサイドトリムとの結合部ブラケット構造を補強することにより結合剛性を向上させた。

そして、図5-53に示すようにインターミディエイトシャフトをプレス品から鍛造品に変更することと、肉盛を行なって剛性を向上することも踏襲した。

アルミホイールに関してはジャイロ効果を極力少なくしてステアリングフィールを向上しようと、剛性を落とすことなく軽量化を図るスタイリングや設計を採用した。図16-3に示すようにアルミホイールのスポークは細い2本組みが6組で構成し、余分なアルミを削り取り、スタイリングも軽快さが感じられる軽量化ホイールを開発した。重力鋳造製造法のホイールとして、質量は17インチで9.2kgというトップクラスの軽いホイールになった。また軽量化したことによりアルミ使用量が少なくなり、ホイールのためのコストも低減することができた。

アルミホイールとハブの結合部は欧州車のホイールを調査し、図9-3に示す、ハブボルト周りのアルミホイール結合部の一部をカットして、結合剛性を向上する技術も導入した。

空力性能に関しては図10-2、図10-3に示すフィンの効果を考慮したスタイリングを採用した。図16-5にロッカーのスタイリングを示す。図16-5に表されているのは、ローリングを安定させる横方向のフィンとしての効果を考慮した、凸フィン形状を付加したロッカースタイルである。 また、ロッカーの下にはくぼみを付けてヨーイングを安定させる効果

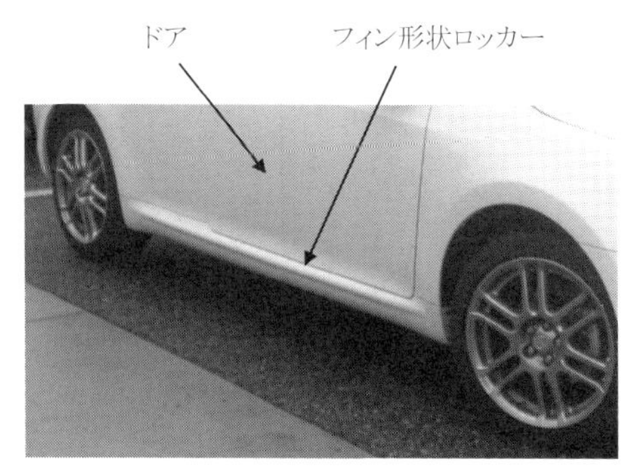

図16−5　ロッカーにフィン形状のスタイリングを採用
（米国サイオンtC）

を考慮した、縦フィン形状を構成した。

副次効果として、このロッカー形状を採用することにより、新しいスタイリングデザインを創り出すことができ、スタイリングデザイナーにも喜ばれた。

もちろんFrスパッツは図10-8の様な曲線形状の工夫したものとし、図10-9に示すRrスパッツも設定した。

しかし、開発過程においてFrのボデー剛性アップを極力推進したが、ボデーの構造上や生産上の都合により、FrとRrのボデー剛性のバランスをとることに対し限界が生じてきた。

本当は行ないたくはなかったが、優れた旋回性能を確保するためにRrの剛性向上部品を一点取り除いた。もっとFrのボデー剛性を向上する技術があれば良かったのであるが、大変残念なことであった。

以上の経過により、ボデー本体やサスペンションは極力従来の販売車種を流用し、ボデー剛性を向上するために安価な補強プレートの採用などで工夫を行なうことにより、コストアップを最小とし、販売価格を抑えた車を開発することができた。米国の若者に人気のあった競合目標車であるフォルクスワーゲンのジェッタ（ゴルフのセダン）という車より販売価格を約25%安価に設定でき、販売に大いに貢献した。

スポーティな走行性能と安価な価格設定で若者にとってリーズナブルで高い価値の

図16-6　MR-S

ある車となり、当時平均年齢が28歳の世界一若いユーザーの車となった。

既存のプラットフォームを可能な限り最大限に改良し、ボデー剛性向上技術を織り込んだ車であった。

米国人の好むエンジンはまず出力馬力が重要視される。日本人は凝ったメカニズムのエンジンに興味を抱く場合が多いが、米国人はメカニズムと出力を比較した場合、出力に魅力を感じる人が多いのではないかと感じる。強いものがすべてという実力主義の米国人の気性にあっているのであろうか。

サイオンtCの開発においては、凝ったメカニズムを保有しないが排気量が大きい安価なエンジンを採用したことも、低価格車を開発できた一因となった。

余談ではあるが自動車の外板色については、米国の観光案内の本には黄色や赤色などのカラフルな色の車が掲載されている場合が多いが、実際に米国で走っている車を見るとグレー系の地味な色が多いことがわかる。また日本で販売される車はパールメタリック色、白色、シルバーメタリック色、黒色、などで80%以上で占められ偏って販売されるのに対し、米国人の外板色の選択には偏りが少なく、10色の外板色の車を販売すると均等に売れていく。米国は「人種のるつぼ」や「人種のサラダボウル」と言われ、多種多様な人間や文化が共存するからかもしれない。

もう一台のボデー剛性向上技術を織り込んだ変わった車として図16-6に示すMR-Sがある。初期の開発には従事しなかったが、マイナーチェンジで走行性能の向上を図

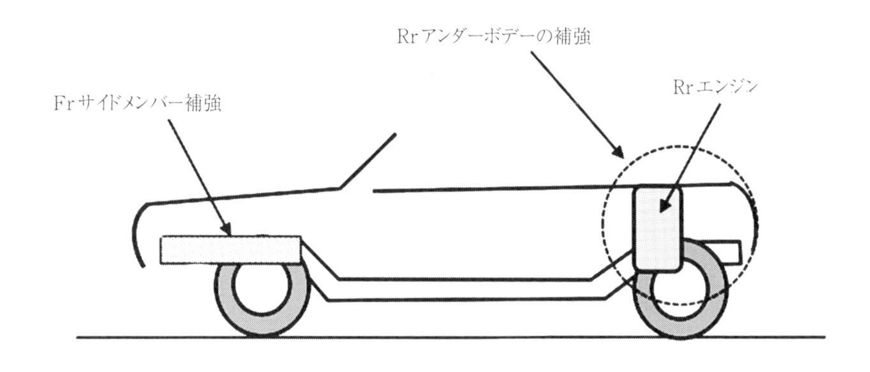

図16-7　MR-Sのボデー補強

った。

コンセプトは軽量小型で旋回性能の良いコンバーチブルである。アッパーボディーが走行性能に及ぼす影響は少ないとはいうものの、さすがにルーフやピラーのないコンバーチブルとなるとボデー剛性は低くなりやすく、ルーフのある車両とは世界が異なる。

アンダーボデーであるフロアだけで剛性を確保しようとすると、よほどフロアを補強しないとルーフのある車と同等にはならない。

事実、欧州車のコンバーチブルはルーフのある車両に劣らない優れた走行性能を有するが、フロア下面を見ると補強部品が多数装着されている場合が多い。

MR-Sは1トン以下の軽量スポーツカーをコンセプトとしていたため、そのようなフロア下面の部品は取り付けられてはいなかった。

上記の理由により、低いボデー剛性でありながらFrとRrの剛性のバランスをとり、サスペンションのチューニングを駆使してスポーティーな走行性能を確保した車であった。

欧米に販売していて、海外の部署から衝突性能の改良の要望があり、ちょうどマイナーチェンジ時期であったため、改良のための開発をすることになった。衝突性能の開発は7･8章で述べたようにサイドメンバーの強度を向上することが対策方法になる。

サイドメンバーの強度を高めることによりボデー剛性は向上するため、それを利用して衝突性能だけでなく走行性能の向上も同時に目指すコンセプトとした。

まず、前面衝突性能向上のため、Frサイドメンバーを変更して大きな補強を行なった（図16-7）。

その結果、もともと補強しなくてもステアリングの回転に敏感に反応して旋回するMR-Sのステアリングフィールが増幅され、スピンモードの入りやすい車両になるだろうと予測されたため、同時にRrボデーの補強による剛性の向上を行なった。

MR-SはエンジンがRrに搭載されているため、Rrボデーはサイドメンバーだけでフロア面がない。よって高いRrボデー剛性を保有するため、補強プレートを張り巡らした構造を採用している。

このRrの補強プレートの数を増加したり、板厚を厚くしたりしてFrのサイドメンバーの補強によるFrボデー剛性向上に負けないように、Rrのボデー剛性を向上した。

ステアリング系については一般のFF車と異なり、タイヤの方向を変える効率を高くする、すなわち、回転半径を小さくするレイアウトがとれる構造であった。エンジンがRrにあるためFr部分に干渉部品がないので、理想的な位置にギアボックスが配置できるためである。

開発においては、Fr側のボデー剛性を向上し、次にRr側のボデー剛性を向上してそれを繰り返すという理想的な方法で進められた。特にFrにエンジンがある車両と比較してFrボデー剛性を向上しやすかったため、前後のボデー剛性のバランスを取る開発を行ないやすい車であった。

結果、MR-SのステアリングフィールはFrボデー剛性の向上とステアリングシステムの良さが合成され、安定性はRrボデー剛性の向上で確保され、前後バランスのとれた優れた走行性能の車になった。ドライバーが運転した時の感覚としては、まずRrの安定性が増加したため、運転時スピンする感覚が全くなくなり、安心感が増大し、旋回性能は改良前と変わらず良好であった。さらに無駄な修正操舵が少なくなり上質な感覚のステアリングフィールが感じられるようになった。

ボデー剛性は高いほど走行性能は向上するが、そのバランスの感じ方は人によって異なる場合がある。MR-Sは当初、ステアリング操舵に対し左右に機敏に動く車だったが、前述のようにFrボデー剛性を高めると同時に、Rrのボデー剛性を高め改良を行なったためRrの安定性も向上した車になった。よって、総合走行性能が優れたスポーティーカーに改良できたと自負していた。

そこで2組のモータージャーナリストの方々にこの改良されたMR-Sを試乗評価してもらうことにした。

第1グループはどちらかというと車の意義、装備、哲学など総合的な評価をする方々、第2グループはカーレーサー兼務で、どちらかというと走行性能に重点をおいた評価をする方々、の2グループに分けて意見をもらうことにした。もちろんどちらのグループの方々も運転歴も長く、世界中の様々な車を運転されており、車の運転はプロフェッショナルで、全員車の評価能力は最高の方々である。

結果は、第1グループの方々全員から「安定感、安心感が増し大変運転しやすい車になった」と賞賛の言葉をいただき、コンセプト通りの車が開発できたと喜んでいたところ、逆に第2グループの方々からは「何故ステアリングに反応しない鈍感な車に変えてしまったのか」というお叱りを受けた。レースをする方々は、少々安定性が悪くてもステアリング操舵に対して応答性が良い方が好まれ、スピンするような危険な領域に入ったとしてもハンドリング技術でカバーすれば良いと考えておられるのではないかと感じた。

ボデー剛性に関しては誰をターゲットにするのか、車のコンセプトに合わせてバランスをとる必要があり、難しくかつ面白いものだと感じた。

以上の車で明確になった走行性能向上の技術はその他の全ての車に順次採用していった。

特に、一般的にはマイナーチェンジでは走行性能は改良しないことがほとんどであるが、筆者は開発責任者になった後の担当車種については様々な理由を作り、設計部署や製造部署を説得し、走行性能の向上を行なった。プリウス、アベンシスのマイナーチェンジでは欧州での高速走行時の安定性を向上するため、Rrボデーの剛性向上を行なっている。

このようにボデー剛性を高めることにより、次々と走行性能の良い車を開発できたのであるが、逆に考えると、ベース車のボデー剛性が、欧州車等と比べてあまり高くなかったことによるものであることも事実である。また、ボデー剛性の低い車の改良を考えるのであれば、サスペンションを高価なものに変更するより、ボデー剛性の改良を行なった方が、走行性能の改良には効率が良い。極端なことを言えば、サスペンションはなんでも良いので付いていれば良いということになる。

プラットフォームの剛性が高くない自動車メーカーは、まずボデー剛性をしっかり向上し、その限界がきたらサスペンションを変える開発方法の方が良いと思う。

また、筆者が担当した車は補強プレートなどを追加して、安価にボデー剛性を高めて走行性能を向上したが、当然別部品を追加しない方が安価であることも忘れてはいけない。

走行性能が良いとされる欧州車のアンダーボデーを調査しても補強プレートはあまり見当たらない。欧州車は骨格形状や溶接方法の工夫で高いボデー剛性を確保しており、このように本来余分な部品を追加しないで剛性を高めることが理想である。

参考文献

(1)写真提供：フタバ産業株式会社

第17章

世界の自動車走行シーンと走行性能

世界の中で車を楽しむ人口の多い地域は、車の発祥の地である欧州と、車社会である米国で、特に米国人は車に対して「大きな夢」を持っているように感じられる。筆者の知っている米国人のほとんどが自分で作った改造車を持ち、仲良くなると家のガレージへ連れて行き、作った改造車を自慢されることがよくある。古いシェルビーコブラという排気量が5リットルで車両重量が約1トンの、アルミボデーを持つクラシックコンバーチブルを7年間かけて自宅でレストアーしたり(図17-1)、古いフォルクスワーゲンビートルを派手なブルーに全塗装し煙突マフラーを装着した車を、見せてもらったり運転させてもらったりした経験がある。

日本においてもカーレースが行なわれる時などに、似たような改造車を見かけることがあるが、そのような改造が米国では日常茶飯で行なわれている。

日本では外形スタイリングを派手にした改造車が多い印象であるが、米国では車の本質である車の動力性能の向上を狙った改造も日本に比べ多く行なわれ、ターボチャージャーやスーパーチャージャー、大型インタークーラー、ナイトラスオキサイドシステムなどが売られ改造されている(図17-2、図17-3)。ナイトラルオキサイドシステムとは亜酸化窒素をエンジンの吸気に噴射混合し、エンジン出力を同じ排気量で約1.5倍にするシステムを言う。また、その動力

図17−1　米国人自慢のレストアー(シェルビーコブラ)

図17−2 ターボチャージャー、
大型インタークーラー搭載改造

図17−3 ナイトラスオキサイドタンク搭載

図17−4 ラグナセカサーキット

性能に見合った走行性能の改造もたくさん行なわれている。米国では改造車で走っていても注意されるのではなく駐車していると人が集まり、どんな改造をどうやって作ったか聞かれるくらいで、車の改造に関して米国の社会は日本と比べ随分寛容である。その需要に応えるためロサンゼルスだけでもエンジンの改造や、走行性能の改造を行なうカーショップが大小1000店以上も存在すると言われ、現地には日本で店を開こうと修行に来て働いている日本人も在住している。

日本でも改造車のモーターショーが開かれるが、米国では、改造の需要に対応したり宣伝したりするため、日本とは比べ物にならないくらい大規模な改造車のSEMAショーがラスベガスで毎年開催され、米国内からだけでなく世界中から多くのマニアが訪れ、にぎわいを見せている。

図17—5　ラグナセカサーキットヒストリックカーレース

図17—6　ラグナセカサーキット
ヒストリックカーレース

この改造技術を利用してクラシックカーのレストアが行なわれ、動力性能や走行性能を向上した上で米国内で様々なイベントが開催され、活躍している。

米国のサンフランシスコの南に位置する、モントレー市の郊外にあるラグナセカ(図17-4)というサーキットコースで毎年ヒストリックカーのレースが行なわれ、コークスクリューと呼ばれるようなアップダウン、ワインディングコースがあり、古いボデー構造のクラッシックカー、ヒストリックカーが過激な走行ができるように整備されて走行する。創生期の自

図17−7　モントレーペブルビーチ
クラシックカーオークション

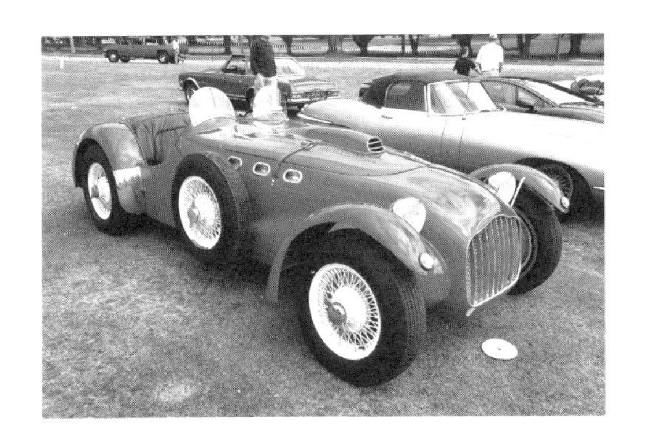

図17−8　オークションで売り出されている初代フェラーリ

動車が大きなエンジン音を響き渡らせ走っている光景は圧巻であるが、車同士が接近してバトルすることはなく、オーナードライバーは高価で大切な車を壊さないよう慎重にレースをおこなうようである（図17-5、図17-6）。

余談ではあるがレースと同時にモントレーペブルビーチゴルフコースに大量のヒストリックカー、クラシックカーが並べられオークションが行なわれる。車のオーナーは自慢の車に磨きをかけ展示し、その規模は大きくゴルフ場の端が見えないくらいいっぱいに並べられ販売される（図17-7、図17-8）。もちろんそれらの車は展示だけではなく走ることができ、モントレー市の街の中で何千台もの規模の走行デモを行ない、筆者は街角で写真

図17−9　モントレー市街デモ走行

を撮っていたが1時間経っても2時間経っても終わりがなかった(図17-9)。米国人の車に対する文化は特別なものであることがわかる。

日本や欧州ではF1レースのように右カーブ、左カーブのある曲がりくねったサーキットを走行するレースに人気があるが、米国では単純なオーバルコースを競争する耐久レースに人気がある。その頂点はインディアナポリスサーキットで毎年全米選手権が行なわれるインディ500マイルレースであるが、インディアナポリスだけではなくアメリカ国内にたくさんのオーバルコースがあり、地方レースが開催されている。単純なコースでカーブの旋回半径が大きいため平均スピードが時速350km以上になる場合もあり、世界最速のカーレースといわれている。レースは直線の速度も重要であるが2ヵ所の半径の大きいコーナーでの速度が速いことが勝敗を左右する(図17-10)。よって車の走行性能はコーナーを走行する時に一番走りやすいように設定されており、つまりカーブでステアリングの操作は少なく直線コースでしっかりステアリングを操作してまっすぐ走るようにチュ

図17−10 旋回半径の大きいコーナー

ーニングされている。オーバルコースのレースはを何周も同じような速度でぐるぐる回っているだけなので一見面白みがないように見えるが、ピットでタイヤ交換や給油が行なわれ、抜きつ抜かれつの緊迫感はわくわくして面白いものである。

米国のネバダ州とユタ州の境にあるボンネビルソルトフラッツで自動車の最高速度を記録するイベントが毎年夏に行なわれる。図17-11に示す南北約20km、東西約15kmの冬の間は雨水がたまった塩水湖で、夏になるとその水が蒸発してソルトフラッツという、文字通り真っ平らな塩の平原が現れる。そこに直線の走行コースを作り車の最高速度記録を樹立する。

ジェットエンジンやロケットエンジン車等も参戦し、速いものでは時速600マイル、つまり時速約1000kmの飛行機並みの速度の車もある。カテゴリーを作ることは申請すれば何でも可能で、図17-12のストリームラインといわれる超高速のものや、写真17-13に示すクラシックカーもどきカテゴリー、オートバイカテゴリー、図17-14に示すハイブリッドカーカテゴリーもある。スピード記録も重要であるが、一番大切なことは「初めて新しいカテ

図17−11　ボンネビルソルトフラッツ

図17−12　ストリームラインカテゴリー

図17−13　クラッシックカーもどきカテゴリー

ゴリーの車をつくり、初めて走行して記録を作る」というアメリカのフロンティアスピリッツを実行することにあり、車の速度記録のギネスブックと言える。

まっすぐ走るだけなのでステアリングを動かさずに運転すれば良く、車の性能は出力だけ必要で走行性能が良い必要はないと思われがちであるが、筆者が実際に走ったところ、塩の路面も真っ平らではなく少し凹凸があり(図17-15)、高速で走るためちょっとした凹凸でもバウンドし、その後着地した時タイヤの接地圧力により塩の路面が崩れ、人が砂浜を走った時に足が砂に取られるような感覚になり、修正操舵をうまく行なう必要がある。よってステアリング操舵性能が悪いとまっすぐ走ることができず道のりが長くなり、速度記録が伸びないことになる。筆者は高速直線走行なのでRrボデーの剛性を高めた車で走れば良いと思い、改造して走行したが、Frボデー剛性も高めた車にしておけばもっと速度記録が伸びたのではないかと後悔している。このイベントは高価な改造車

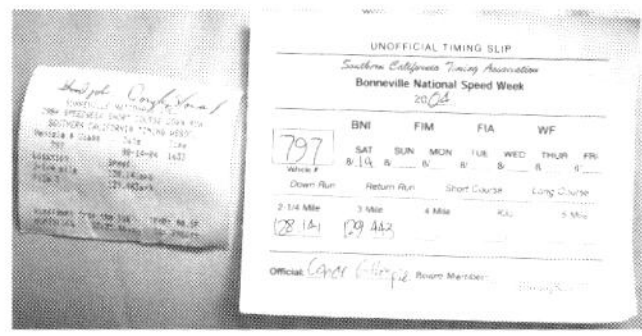

図17−14　ハイブリッドカーカテゴリー
とタイムレコード

図17−15　塩の路面

図17−16　日本からの参戦

を作って遠くから車を運び、順番待ちで並び、1日に1回か2回走行するだけで、いわゆる暇と金を持て余した人たちの道楽で、豪華なピクニックというところであろうか。米国人がメインであるが外国からも大勢の人が参加し、日本から挑戦するチームも絶えないようである(図17-16)。

欧州において走行性能を鍛える有名なサーキットコースとしてニュルブルクリンクオールドコースがある(図17-17)。ドイツのケルンから約50km南下したところに位置し、上り下り、カーブの多いなだらかな丘を一周する全長約21kmのサーキットコースで、日本でいうと山の尾根を走るスカイラインの谷底をなくしたようなワインディングロードである。普通

図17−17　ニュルブルクリンクオールドコース

の速度でドライブすれば、車幅が広い一方通行の山道を走行しているのと同じで特別な道ではないが、速度は無制限でドライバーと車の実力で出せる最大の速度で走り、下りの直線コースなどでは車によっては300km／hを超す超高速で走ることができる。

カーブやアップダウンが多く、さらに高速であるため、路面からタイヤにはいる入力が大きく、車の走行性能の良否が顕著に現れ、自動車の走行性能を判定するのに最適なコースであるため、欧州自動車メーカーが開発のためのテストコースとして常時使用している。実際運転して走行してみると欧州メーカーのスペシャルティーカーが猛スピードで走っていて追い抜かれたり、車高の高いSUVがカーブで倒れんばかりに傾斜してスリル満点なスピードで走行していて開発を行なっている(図17-18)。ここで安定して高速で走れれば走行性能の良い車と判定でき、このようなコースで開発される欧州車は

図17−18　欧州車の走行

おのずと走行性能が良くなるのは当然であると考えられる。

レースで良く使用されるポルシェは高価であり、また故障した場合の修理費も同様高価ではあるが、レースなどで過酷な負荷が車にかかった場合の故障は他車と比較して少なく、総合的にはポルシェの方がレースをする上で安価であるということをレーサーから聞いたことがある。これはニュルブルリンクのような入力の大きいコースで開発を行なっているため、レースなどの過酷な負荷が入っても壊れにくいからと考えられる。

24時間耐久レースなども行なわれており、コースの周りには多くの広場もあることからレースのある日にはお弁当を持ち、ピクニック感覚で観戦しにくる家族連れも大勢いる。米国人が自分で車を改造して走るのとは異なり、欧州人は野球やサッカーを観戦するようにカーレースをスポーツととらえているところがある。

1周数百円の料金を支払えば一般の人も走ることができ、猛スピードで走る欧州車と競争することもできる。

第18章

各自動車メーカーの特徴

筆者は車の走行性能に興味を持ち、長年研究開発を行なう間に様々な国の車に試乗した。各メーカーの車にはそれぞれに特徴があり、同じ速度で高速道路を走っていても随分違った感じを受け、さらに山道などのワインディングロードを走るとその違いが明確になるとともに、世界には感動できる車があるものだと感心した。専門家に話を聞いたり、実車を運転したりして感じた各自動車メーカーの特徴を、ボデー構造を考慮しながら自分なりの表現で記したい。筆者の運転技術はレーサーほどではないが、車を安全に評価するために長時間運転訓練を受けてベースとなるドライビング技術を習得し、サーキットなども走ったこともある「訓練された一般ユーザー」と考えていただければ良い。

世界的に見ると走行性能に優れた車はヨーロッパ車に多いが、優れた走行性能と言っても自動車会社の全てが同じではなくそれぞれ特徴がある。例えばベンツとBMWを例にとると、ベンツはどちらかというとRrボデーの剛性に重点を置いた車で安定志向の車である。もちろんステアリングフィールの操舵に対する反応もすばらしく、上品な乗り心地の中にしっかりとした旋回性能が保有されている。一方、BMWのボデーはエンジンルームを構成するサスペンションタワーにアルミ一体成型品が使われた車が多くFrボデーの剛性に重点が置かれ、そのためスポーティーなステアリングフィールに秀でている。BMWはベンツよりも締まった感じのステアリングフィールで、操舵に対する車の反応は速く強引に旋回するという感覚が味わえる。サーキットのコーナーなどでどんどん速度をあげていってもステアリング操舵性能は衰えず、コーナーを急旋回する場合ステアリングで進行方向をコントロールしやすいため、相対的にRrの安定性が小さくても安心感がある。そのためプロフェッショナルな車の運転をする方に人気の高い車である。

両メーカーともスペシャルティーシリーズである、ベンツ「AMG」シリーズ とBMW「Mシリーズ」を持ち、両シリーズともベースの車に比べて数段上の走行性能を持つ。それそれの特徴はベース車と同等でベンツが安定志向、BMWがステアリング反応重視志向であるが、どちらも走行性能が非常に良いため一般のドライバーが少々無茶な運転をしてもスピンすることなく思い切って走れ、運転技術が未熟でもスポーティー走行を安全に楽しめる車である。エンジン排気量が大きい車が多く高出力の上に加速性能重視のチューニングであるため、走行性能の良さと相まって“感動”できる車である。過去には、ベンツとBMWは上記のはっきりとした特徴を持った車であったが、近年はベンツはBMWの、BMWはベンツのそれぞれの良い所を取り入れ両車の走行性能の特徴は近づいてきているように感じる。

ドイツのスペシャルティーカーと言うとポルシェが代表で、一般道路の走行はもちろんであるがレースで使用することも念頭に入れられた走行性能の優れた車である。またアクセルの踏み込みに対する動力性能は強力で、アクセルをいっぱいに踏むとシートに体が押し付けられどこかへ飛んでいってしまうような加速感が得られる。最初に述べたが、走行性能が良く疲れないため、高速走行で長距離運転するのに楽な車の代表である。ホイールベースが短いとピッチングが大きくなり、乗り心地が悪いと一般的に言われているが、ポルシェの場合セダンとSUVタイプを除きホイールベースは約2.5mで短いにもかかわらずピッチングはほとんど感じない。ボデー剛性が高くチューニングがしやすいので、ピッチングが少ない設定になっているのではないかと考えられる。スペシャルティーカーというとサスペンションが硬くて乗り心地が悪いというイメージがあるが、ワイドタイヤが路面のざらざらした凹凸を拾うことを除き、一般車より揺れや振動が少なく、高級感ある乗り心地である。また凸を乗り越える時にショックはあるが、減衰が大きくすぐに振動が収まり、無駄な揺れがないため「フラットな感覚」という言葉で表現できる乗り心地でもある。

フォルクスワーゲンはドイツの大衆車であるが、コンパクト車のゴルフでも日本の高級スポーティーカー以上の走行性能を保有している。FrとRrの安定性がバランスした走行性能で、どちらかというとベンツのような安定志向の車である。これはFrサイドメンバーなどの骨格が直線基調で太い断面を持っていることや、剛性の高いFrサイドメンバーとRrサイドメンバーなどの車両前後の骨格を、連続溶接に近いレーザー溶接を多用した剛性の高いロッカーでしっかり繋いでいることによるものである。また、ステアリングサポートは鉄パイプではなく矩形断面のアルミ鋳造品で剛性が高いため、ステアリングフィールが良い。高速走行での安定性が大変優れたステアリングの操舵応答性は、一般操舵に対しては正確に、急操舵に対しては強引に車が旋回し「しっかり走る」「正確に走る」という言葉で表される車で、日本車から乗り換えればどんなユーザーの方もその良さを感じることができると思う。乗り心地は不快な振動が少ないため「高級な乗り心地」「上品な乗り心地」という言葉で表現できる車である。

同じ系列の自動車会社であるアウディは、骨格やサスペンションをフォルクスワーゲンと共通化している車もあるが、さらに上質な乗り心地に力を入れ日本車にはない、運転した時の高級な走行性能を実現している。

世界の自動車会社が注目し、新型車開発の目標にする車はドイツ車が多いと言われているが、フランス車やイタリア車もドイツ車とは異なった、優れた走行性能を持っている。

フランス車やイタリア車はドイツ車と異なり、サスペンションのストロークが大きく動いているのではないかと思われるほど、乗り心地を重視した走行性能である。乗り心地はソフトだがステアリングフィールや走行安定性の良さも十分感じられる。サスペンションを調査してもドイツ車ほど剛性が高くない構造をしているが、日本車より優れているところをみるとボデー全体の剛性は日本車より高いと推測できる。またステアリング操舵に対する車の反応が良く、「猫足」と比喩されるような正確で素早い旋回性能を持つ車が多く、道路のコーナーを右へ左へ急速に曲がりたい場合には便利な特性である。

ドイツ車とフランス車、イタリア車との走行性能の違いは交通事情によるところが大きいと考えられる。ドイツではアウトバーン(高速道路)を真っすぐ超高速で走行する場合が多く高速安定性が重要なため、ボデー剛性を高めて安定性を確保している。またステアリング操作に対して車の旋回がクイックすぎると高速走行で危険なため、ステアリングのニュートラル領域の反応をわざわざ緩慢にしている。しかしステアリングをさらに回せば「ぐいっ」と力ずくで旋回し始め、その操作は修正操舵が不要で、正確に滑らかに行なうことができ「旋回の高級感」につながっている。それに対し、フランスやイタリアはドイツより狭い曲がった道路や凹凸の多い荒れた路面が多いため、旋回性能や乗り心地を重視しながら高速での走行性能を確保するという、走行性能開発に対するアプローチ方法が異なると考えられる。フランス車もドイツ車もそれぞれ特徴はあるが、最近はフランス車もドイツ車のようなどっしりと安定して走る走行性能の技術を取り入れ、ドイツ車に近づく傾向があり、だんだん走行性能の均一化が進んでいる。

日本車ではスバル、日産、マツダが走行性能の良い車を開発している。

スバルでは他社からスポーツカーの開発依頼を受けて設計し、生産している車もある。スバル車の走行性能の良い要因は、ボデー骨格を見ると断面の大きなものが多いことや結合部の溶接構造が高いことによる。スバル車の走行性能の特徴としては欧州車の特性とは異なり、欧州車が「がっちり」した走行性能の良さに対し「しなやか」な走行性能の良さを保有し、高級感ある乗り心地ながらステアリング操舵に対する旋回の反応も優れ、高速道路で運転しても安心感が高くストレスが少ない。水平対向エンジンであることや4WDであることに起因する部分もあるが、随所に施された剛性の高いボデー構造により走行性能の良さが引き出されている。スバルの高剛性ボデーに水平対向エンジンでない直立エンジンを搭載し、4WDではなくFF駆動の車に変更しても同様な走行性能の優れた車ができると推測する。

日産は過去からボデーの設計に対し、高いボデー剛性や剛性バランスの考え方を導入し開発している。ミドルクラス、ラージクラスの車のボデー骨格構造はBMW車に類似しているところが多く、ドイツ車のボデー構造をベンチマークとして研究した車創りを行なっていることがうかがえる。ドイツ車が「がっちり」という言葉で表されるとすると日産車は「しっかり」「すっきり」という言葉で表せる走行性能の良さがある。

マツダは『マツダ技報』にボデー骨格構造の開発について多くの記事を掲載しているように、ボデー剛性に重点を置いた車の設計がなされている。どちらかというと、Rrの安定性よりステアリング操作に機敏に反応する旋回性能に重点を置いた車が多く、スポーティーな「軽快感」のある走行性能となっている。Rrのどっしりした感じは少ないが、それをステアリング性能が十分補い高速走行でも安心感を持って走れる。

特殊なスペシャルティーカーで走行性能が優れているものとして三菱ランサーエボリューションがある。ラリー車のイメージがあり、サスペンションが硬く乗り心地が悪いのではないかと思われるだろうが、市販車の乗り心地は硬くはなく一般道路では無駄な振動が少ないため、高級車に乗っているような乗り心地が感じられることや、ドイツ車と同じように「路面にペタッとくっつく」という安定感や上質感も感じとれる。ステアリングフィールは強引でありながらしなやかに操舵ができ、一般のドライバーでも感激が得られると思う。

図18−1　プジョー5008 Allure

図18−2　プジョー3008　GT-line

一般の三菱の車に対しボデー剛性を大幅に向上し、格段に優れた走行性能を保有しており「世界一安価な本格的スポーツカー」として価値のある車と言われ、日本車として感動できる車の一つである。

本書の原著『走行性能の高いシャシーの開発』刊行後、輸入車試乗会で数多くの外国車を試乗する機会があり、ドイツ車だけではなくフランス車やアメリカ車の走行性能の違いを実体感し、その良さも再認識させられた。

日本車のSUV車の多くは、ステアリング操作に対する旋回の反応が鈍く、走行性能の悪い車が多いため、同じSUV車の図18-1〜図18-3のプジョーには正直なところ期待をしていなかった。だが試乗してみると走行性能は鈍重ではなく、常識は覆される。試乗すると車高の高いSUV車でありながら15〜20年前に試乗したプジョー405や406、

図18−3　プジョー3008d

図18−4　プジョー308SW

407などの車高の低いセダンを思い出させるようなロールが少なく、ワインディング路で機敏かつ正確に路面を舐めるように旋回する軽快な動きを楽しめる。ドイツ車がステアリング操作に対して強引に力強く旋回するのとは違い、素直に軽く「さっさ」と旋回する。ステアリング操作に対して反応が早いので高速道路で気が抜けないのではないかと心配されるが、ステアリングを手放しに近い状態でも真っ直ぐ走り、直進安定性も抜群に良い。構造面を見るとサスペンションタワーはドイツ車のようにアルミダイキャストを使わずに従来の鉄板で作られている。「ロールをコントロールして旋回を上手く行なう」と言う技術者もいるが、これらのフランス車はまずは旋回をしっかりして旋回性能に余裕を持った上

図18−5　ルノー カジャー

図18−6　シトロエン C3 Shine

で、前後ロールセンター配分などを工夫し、車の味付けをしている感じを受ける。フランス車は排気量の小さいエンジンを使っているものが多いが、それを感じさせない動力性能を持っている。例えば図18-4のプジョー 308SWはこの大きさで1.4トンという軽さであること、軽いと言ってもこの重さの車を1.5リッターディーゼルターボエンジンで山道でもストレスなく加速が楽しめる車である。筆者もたくさんの車を企画し開発したが、5ナンバーサイズの全長で全高の低いセダンでも約1.3トンになった経験からみても、プジョーの軽量化技術は優れている。

図18-5に示すルノー カジャーや図18-6に示すシトロエン C3 Shineも同様にフランス車の典型的な、路面を撫でるような走りをする。ドイツ車のような路面に吸い付いて走るという感覚の車とは異なり、路面の凹凸感は伝わるがステアリングを回すとロールが小さ

図18−7　アルファロメオ ジュリアスーパー

くワインディング路でも自分の行きたい方向に「さっさ」と車の向きを変えられる。高速道路ではほとんど手放しでも真っ直ぐ走り高いボデー剛性を保有する印象を受ける。またルノー カジャーは1.2リッターターボの小排気量エンジンにもかかわらず加速性能も素晴らしくスポーティーに走ることができる。トランスミッションは日本の車に使われるCVTではなく、欧州車の特徴である7速DCT（Dual Clutch Transmission、カジャーではEDC「Efficient Dual Clutch」と呼ばれる）が使われていることもその優れた加速性能の大きな要因である。ドイツ車も同様なトランスミッションを採用しており、トランスミッションに関してもヨーロッパ車は車の走りを重視して開発している。

図18-7に示すイタリア車のアルファロメオはフランス車よりさらに旋回が機敏になる。「くるっ、くるっ」とよく回転する車である。

余談だが、筆者が欧州で同乗させてもらったイタリア人は、警察さえいなければ車の走行速度は日本の比ではなく、制限速度130km/hの下り坂などで200km/hで平気で走っていた。またイタリアの旧市街では細い道の曲がり角を相当なスピードで走るため、助手席に乗っていて「速度を落としてくれ」と何度も頼んだ経験がある。運転する上での「安心感」は大切であり、一般の日本車に比べればフランス車でもイタリア車でも走行安定性が優れている理由のひとつといえる。

ドイツ車もさらに進化している。図18-8に示すベンツAクラスは外形スタイルや内装が

図18−8　メルセデス・ベンツ A250

図18−8　メルセデス・ベンツ A250の液晶パネル

先代と全く変わり、先進性や上質感が随分向上したと感じたが、試乗すると走行性能の進化にも驚いた。その進化はただうまく旋回するというのではなく、走りの全てに関して「異次元」と言えるほどの「上質な走り」という言葉が当てはまる。ステアリングフィールは、山道のワインディング走行において自由自在に車を旋回させることはもちろんだが、その時のステアリング操作に対する旋回のタイミングや、心地良いロールに何とも言えないしなやかさが感じられる。乗り心地もただ柔らかいのではなく「しなやかさ」という言葉で表

図18−9　BMW X3 M40d

現できる上質なものである。高速道路でも上下動、段差路でのハーシュネスが少なくほとんど感じられない。またブレーキをかけながら旋回する場合も気持ちよく上質に旋回するように感じる。通常日本車では山道などでブレーキをかけながら旋回しようとすると不安定で修正舵を余儀なくさせられる場合が多く恐怖感を感じるが、このベンツＡクラスは修正舵が全く不要で安心感が高い。ボデー剛性が高くびくともしない車体に柔らかいサスペンションが設定されることや、ステアリング系の剛性が高いため上質で安定したブレーキングができると考えられる。

また、図18-8に示すメーター類などの操作系は液晶表示が多用されていて、将来の車はどんどんこの方向で進むと予言させられるものである。

BMWはステアリングを回した直後のロールをうまく使い、その後強引に旋回するためドライバーはその躍動感によりスポーティー感を感じ取っていると考えられる。図18-9のBMW X3 M40dは車高が高いSUVであるためその狙いが顕著に体感できる。助手席に乗っているとロールが原因でよく車が揺れると感じるが、ステアリングを握るドライバーは悪い揺れとは感じず、スポーティーな感じを受ける。エンジンルームを覗くとどの車もフロントサスペンションタワー周りがアルミ一体成形で造られ剛性の高い構造で、ボデー剛性が高いためサスペンションチューニングに余裕があるからそのような性能を演出できるのだろう。図18-10〜図18-11の車高の低い車はロールが小さいためわかりにくいが、

図18−10　BMW M135i

図18−11　BMW 320d xDrive Touring M Sport

同じような設定でスポーティーさを出しているものと考えられる。またそのスポーティーさを車によってうまく使い分け、BMWのスタイリングのアイデンティティーを持たせながらも様々な走行性能の違う車を作り出している。

図18-10のBMW M135iは強引に曲がるステアリングフィールを生かし、軽量小型でスポーツ走行に特化した走りを重視した車であある。

図18-11のBMW 320d xDrive Touring M Sportは前モデルの3シリーズから大型化し、高速道路では上質な乗り心地と直進安定性を向上したプレミアムな車を目指した車となっている。さらに山道のワインディングロードに入りステアリングを回せばBMWの独特の少しロールしながら強引に旋回するスポーティーな性格はしっかり確保され、ラ

図18−12　ミニ クーパー S Clubman ALL4

グジュアリースポーツカーと言える。

図18-12に示すミニ クーパー S Clubman ALL4の走行性能も進化している。初期のミニ クーパーのステアリング特性は非常にクイックで、スピンしそうな危険な車というイメージもあったが、この車はリアの安定性が増大し安心感のある車になっている。一般的にリアの安定性が増すとステアリング特性が鈍重になりがちだが、初代クーパーの特性は損なわれておらず、クイックさに正確さが付加され安心してステアリング操作ができるように進化している。

アウディ車はBMW車と方向性の異なる走行性能を持つ。図18-13に示すアウディQ5 40 TDIは車高の高いSUVであるが、BMWと対照的にロールはほとんどなく滑らかに旋回する。助手席に乗っていてもロールによる揺れを感じることが少なく、そのため乗り心地が良く上質であると感じる。ステアリングを大きく回せばドイツ車らしく強引に正確に旋回し、ワインディングロードでも十分楽しいスポーティー走行ができる。図18-14のエンジンルームにあるサスペンションタワーはBMWと同様アルミダイキャストで作られ剛性が高く、車両重量が1.9トンと重い車体をしっかりと旋回させるための技術である。

また、この車はディーゼルエンジンであるが、運転しているときにディーゼル車と言われるまで全く気がつかず、防音材も大量に使用されていると考えられる。

ポルシェも2シーターの小さな車ばかりではなく図18-15に示すポルシェ Panamera

図18－13　アウディ Q5 40 TDI

図18－14　アウディ Q5 40 TDIのエンジンルーム

GTS Sport Turismoのようなセダンを販売している。全長5メートル、全幅1.9メートル、重量2トンの巨体にもかかわらず小型のケイマンや911などと同様に加速性能やステアリングフィールの特性はそのままでさらにドッシリ感が加わった走行性能を持っている。

しかしそのポルシェに脅威を抱かせると思える自動車が出現した。図18-16に示す電気自動車のテスラである。スタイリングはアメリカ車らしい車で「重そうな乗り心地の良い車」というイメージだが、運転すると競合車はポルシェではないのか……と思わせる加速性能と走行性能を持っている。高速道路でアクセルをいっぱいに踏むとポルシェは一瞬無反応な時間がありその後一気に加速するが、テスラは無反応な時間はなく最初から強力な加速ができる。山道のワインディング走行における旋回後の加速ダッシュも素早

図18−15　ポルシェ Panamera GTS Sport Turismo

図18−16　テスラ Model3

図18−17　テスラ Model3　インパネ

図18－18　キャデラック XT5 Premium

く、カーブの手前で減速のためにアクセルを離すと回生ブレーキが素早く効き、その特性に慣れると走りやすい。また欧州車のようなしっかりしたステアリングフィールを有し、ステアリングの回転に対し大きな重い車体が素直に動く。この優れた走行性能は床一面に配置した重い電池を保持するために車体が丈夫に作られているので、車体剛性が高くなっていることにあると考えられる。

もう一つの衝撃は車を運転しようとドライバー席に座ると「There is nothing！」（何もない！）である。図18-17に示すように今までの車の様なスイッチ類が少なく、ほとんどのスイッチ機能が15インチのまるでiPadの様な液晶画面に集約されている。さらに価格が400万円代でポルシェの数分の一であるばかりか今後はさらに安価な電気自動車を開発していると聞くと自動車の革命が起こるのではないかと思える。

アメリカ車はテスラだけでなく、他のモデルの走行性能も進化している。図18-18に示すキャデラック XT5 Premiumは欧州車のようなしっかりしたステアリングフィールを有し、ステアリングを回せばこの2トンもある車体が軽快に動く。日本の高級ブランドのSUVより随分優れた正確なステアリングフィール持ち、ワインディング路でも日本車よりキビキビした運転ができるとともに、高速道路の直線コースでも良質な直進安定性がある。

以上は筆者の主観的、一方的な意見であるので当然異論があると思うが、車の一つの見方として参考にしていただければと思う。

走行性能の評価について

一般の方が自動車を購入しようとするとき、デザイン、燃費、電子装備、価格、などカタログに示された諸元により選ばれる場合が多いと思うが、是非様々な車に試乗して自分で体感し、走行性能という諸元も考慮に入れていただければと思う。

走行性能の良い自動車というのは、音質に優れた高級ステレオ、きめ細かい高画質ディスプレイを搭載した8Kテレビやレチナディスプレイパソコンに相当するものである。しかも走行性能が良い自動車は高額とは限らず、走行性能の良い自動車を選ばないと人生における損失になるのではないかとも思う。

筆者も以前は販売店で試乗をすることなくカタログに示された諸元で自動車を購入していたが、開発を行なうようになり様々な試乗シーンに遭遇して、購入する自動車を走行性能を考慮に入れ選ぶようになった。またその試乗経験が自動車開発における走行性能改良のモチベーションにもなっていった。その例をご紹介したいと思う。特殊な走行例で一般の方にはなかなか経験できないと思われるかもしれないが、一つの参考としていただければ幸いである。

1. 走行性能とタックイン

サーキットコースで上司の助手席に乗る。時速100キロメートル以上でカーブを走行して急ブレーキをかけ、これがタックインだと教えてもらう。その時はなるほどと思うが、大変危険な運転操作だということと、走行性能が良い車はタックインが少なく安定していることを後で知る。タイヤの横力によりサイドメンバーがねじれて、タイヤの舵角が必要以上に大きくなった後、ブレーキングによりサイドメンバーねじれが解放され、タックインが発生したと考えられる。タックインの小さい車はフロントサイドメンバーの剛性や、サスペンションの剛性が高いと考えられる。

2. プジョー405とヨーロッパ カリーナＥの比較

サーキットコースでプジョー405とイギリス生産のヨーロッパ カリーナＥとの比較試乗を行なう。サーキット走行後にタイヤを観察すると、カリーナＥはタイヤのサイドウオールがすり減っていた。プジョー405はトレッドだけがすり減り、サイドウオールは傷ついていなかった。サイドメンバーのねじれでタイヤが傾き、タイヤのサイドウオールが擦れていたのだと考えられる。プジョー405のリアサスペンションを見ると、直径10センチメートルほどの筒状のバネを内蔵したトーコントロールやキャンバーコントロールがない原始的なトレーリングアームであった。その剛性が高そうなトレーリングアームの筒状の鉄パイプは、リアのサイドメンバーに肉厚がある鋳物のブラケットで固定されていた。明らかにサスペンション自体が構造部材になっていて、剛性が高い構造だと感じた。

3. アウトバーンでのヨーロッパ カリーナEの試乗

ヨーロッパ カリーナE販売開始後、欧州にポートオブエントリー（販売店の苦情を聞くヒアリング）に参加し、ドイツのアウトバーンでヨーロッパ カリーナEの試乗を行なう。ドイツでは高速の走行評価が目的だったのでフルスロットルで走る。時速195キロメートルまでは頑張ってスピードを出したが不安定でそれ以上は怖くてスピードが出せなかった。競合車は準備されていなかったので、その時は他の車もこんな緊張感を持って走っているのかと思っていた。ガードレールを突き破って死んでしまうかもしれないという覚悟で運転していた。時速100キロメートルを越すとエンジンこもり音がひどくて怒鳴らないと会話ができないほどであった。

4. ヨーロッパの古い石畳路での走行

ドイツのブレーマーハーフェンで初めて古い石畳路を走る。四角い石の表面がすり減って角がとれていて、油が垂れていたところを歩くとぬるぬる滑るような感じがした。古い路面なのでところどころ凹んでいて路面にうねりがある。港の近くでそれほど早い速度では走らなかったが、ヨーロッパ カリーナEは乗り心地が悪くロードノイズも大きなものだった。ヨーロッパの競合車も何台か試乗したがどの車もロードノイズはあまり気にならなく、カリーナEだけ悪さが際立っていた。ベルギーの街中にも石畳路があるが、観光用に造られたのか修理が行き届いており、路面のうねりは少なく石もすり減っているものが少なく角が尖っていた。路面の凹凸が少ないせいもあり、街中にもかかわらず早い速度で走る車が多い。車への入力が大きく路面からの突き上げやロードノイズはずいぶん大きいものに感じられた。

5. ロードノイズが大きい道路での走行

デンマークでロードノイズが大きいという苦情が販売店から寄せられ、調査に行く。コペンハーゲンからオーゼンセまでヨーロッパ カリーナＥで走行すると、ロードノイズが大きいことがわかる。大きな声で離さないと会話が通じない。オーゼンセで販売店からロードノイズで問題になる道路を紹介され、路面を見ると石が多い。耐久性を持たせるため、日本と比べて石の量を増やしてアスファルトの量は少ないという。そのせいか、石が剥がれて路面にのっている。石跳ねの音も対策が必要だという気がした。サスペンションやボデー構造は変更できないので、サスペンションとボデーを結合するアッパーサポートというマウントを改良するしかなかった。高価な液封マウントを使っていたがその振動特性で音が変わるようなものではなく、単純にゴムを柔らかくして対応するしかなかった。後になってわかるが、このカリーナＥからステアリングギアボックスをダッシュパネル取り付けからフロントサブフレームの上に取り付ける構造に変えたため、それを取り付けるためのダッシュパネル下端リーンフォースを不要と考え、廃止してしまった。そのため、ダッシュパネルはサンドイッチパネルを使っているとはいうものの、全く骨の無い一枚鉄板になり、振動を防止できなかったと考えられる。前に述べた高速走行でのエンジンこもり音もリーンフォースを廃止したことによるものだということもわかる。暫定対策として、フロントサイドメンバーの中に500グラムのダイナミックダンパーを設定したが、効果は小さく苦情対策とはならなかった。500グラムのダイナミックダンパーは、自動車のダイナミックダンパーとしては一番大きなものである。

6．スポーツグレードの走行性能

ヨーロッパ カリーナＥのグレードの一つに、3S-GTツインカムエンジンを搭載したGTスポーツグレードがあった。IKサスペンションという特殊な高級フロントサスペンションを搭載していたが、走行性能はベース車とあまり変わらない印象を受けたので改良をするということになった。この車のリアサスペンションはパラレルリンク式ストラットサスペンションで、リンクロッドを取り付ける棒状のサブフレームが設定されていた。実験部が走行性能を上げるアイデアとして持ってきたのが、このサブフレームの中央部分をボデーの鉄板床面のクロスメンバーを鉄の箱で固定することだった。この改造車を試乗してみると、リアのふらつき感がなくなり安定性が格段に向上した。悪化したこととしては、ロードノイズが大きくなったことが挙げられる。鉄の箱を取り付けることにより、サブフレームの変形が少なくなり、それに取り付けられているサスペンションのロッドが、正規の動きをするようになったのではないかと考えられる。また、サスペンションリンクロッドとボデーが直結され、リアフロアパネルの振動入力が大きくなり、ロードノイズが大きくなったと考えられる。ヨーロッパ カリーナＥ GTスポーツグレードのリアサブフレームに大きな鉄の箱をつけるわけにはいかないので（図18-19）、2本の鉄の1インチパイプをV字型にボルトで取り付け生産モデルとした。

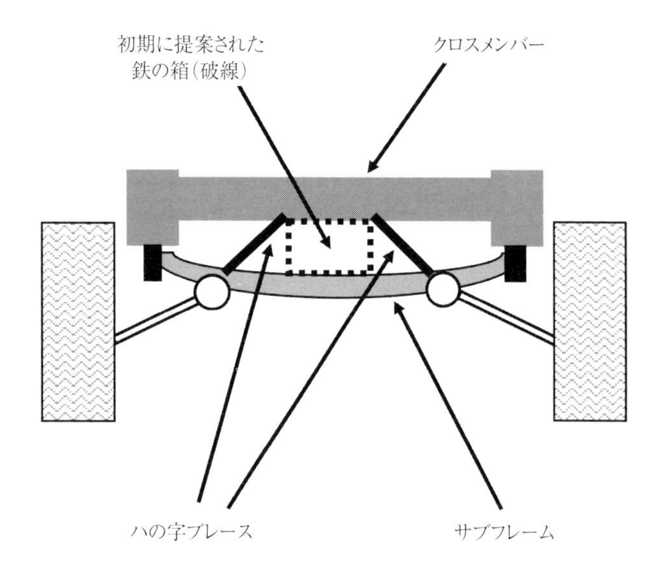

図18−19　ヨーロッパ カリーナEのリアサスペンション補強

第19章
その他の車の走行現象と今後の研究課題について

今までの内容は既に販売されいる車に対して実施された研究や設計内容であるが、その他にまだ解明されておらず、走行性能に関する研究課題となる現象がある。

19.1　自動車走行性能を人間が感じるメカニズムの解明

はじめに述べたが、走行性能を人間が感じるメカニズムは、現在までに明確になっていない。三半規管による加速度の検知、シートと接触する皮膚の圧力検知、筋肉の緊張弛緩による検知、等の情報を処理した総合感覚だと考えられるが、究明されていない。

人間は自動車が動き始める極低速でも、車の進行方向がどちらか解るほど繊細な感覚を持っており、これは加速度で言うと1／100G程度の小さなもので、計測器で計ろうとしてもノイズが大きく正確な測定ができない領域である。筆者も様々な大学の研究機関を訪ね歩いたり、共同研究等も行なったが答えを得ることはできなかった。今後この分野の研究が進みメカニズムが明らかになることを期待するし、明らかになれば車の走行性能の飛躍的な改良開発が進むものと確信する。

19.2　雪道走行性能

一般道路で走行性能の良い車は、雪道のように滑りやすい道でも走行性能が優れている。スタッドレスタイヤを装着して走行すると、走行性能の優れた車は雪道でコントロールしやすく、雪がないのではないかと思われるほど自然に走行することができる車もある。

雪道を高速走行すると走行性能の悪い車は常にタイヤが滑り、車が雪面をつるつる滑り「漂うような不安な感覚」が感じられるが、走行性能の良い車は雪面をしっかりとらえ「足が地に着いた」と表現できる安定した感覚で走行することができる。

市街地の雪道を曲がろうとすると、走行性能の良い車は舵がよく効き、素直に曲がるのに対し、性能の悪い車はアンダーステアが大きくステアリングを余分に回さないと曲がることができなかったり、そのまま直進して障害物にぶつかったりする。走行性能が良い車はステアリングを余分に回さなくても曲がるので、元に戻すことは簡単であるが、悪い車は元に戻すのに時間がかかるため忙しい操作が必要なのと、そのステアリング戻し操作遅れにより車に揺れや振動が発生し不安定な車と感じる。

雪道の走行ではタイヤの摩擦力が小さく、旋回しようとする時タイヤやボデーに作用する横力は小さいはずで、走行性能の差が出にくいと考えられるが、実際に走行するとむしろ逆で、車の走行性能の良し悪しが明確に感じられる。この矛盾するようなメカニズムの解明が今後の研究の課題と考えられる。

雪道ではタイヤと道路の摩擦が小さいため高速で旋回しようとすると、ドライバーの操作ではコントロールできなくなりスピンモードに入る場合があるが、最近この現象を回避して安全に車を制御しようとする「横滑り防止システム」や「ESCシステム」と呼ばれる電子制御システムが装備されている車がある。走行性能の良くないメーカーの車は、制御は優れているが、雪道で少しでも横滑りすると電子制御モードに入りやすく、自動トラクションコントロールが作動して、スピードが抑えられるためなかなか前に進めないことがある。それに対し走行性能の良いメーカーの車は、意外に制御は悪い場合が多いが、もともと雪道でも横滑りしにくいためなかなか電子制御モードに入らずにスムーズに前進できる。自動トラクションコントロールとは、タイヤが横滑りした時ドライバーのアクセルコントロールではなく電子制御により自動的にアクセルコントロールを行ない、タイヤの駆動力を減少して横滑りを防止することを言う。

逆に考えると走行性能が良くない車は制御をうまく行なわないとスピンしてしまい、走行性能が良い車はスピンしにくい安全な車と言える。

19.3　スティックスリップ現象

小回転半径でスキッド音がするような高速で旋回したり高速で8の字旋回を行なうと、連続ではなく断続的なスキッド音が聞こえるタイヤのスティックスリップという現象が車によって起こる場合がある。走行性能の良い車では発生することが少なく、ステアリング操舵性能の悪い車に発生しやすい。

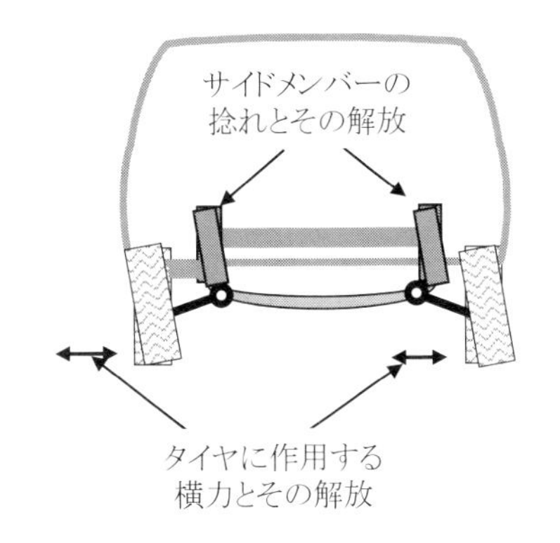

図19―1　タイヤのスティックスリップ現象

この現象の原理を推測すると図19-1に示すようにタイヤに横力がかかると、Frサイドメンバーの剛性が低いと捻れるが、スキッド音がするような限界領域でタイヤが滑ると横力が解放されその時、Frサイドメンバーの捻れがいったん元に戻りタイヤの傾きが小さくなり、摩擦力が回復するとタイヤに横力が再発生し、またサイドメンバーが捩れるというサイクルが繰り返され、断続的なスキッド音が発生するのではないかと考えられる。逆にこの現象がなくなる対策を行なえば走行性能は向上することになる。この現象も研究課題と考えられ、今後の解明が期待される。

19.4　道路面の違いによる走行性能の差

走行性能の現象の発生はその路面状況により速度領域が異なる。例えば乾いた路面で180km／h以上で起こる現象が、雨の日の濡れた路面では60km／hで、雪道では10km／hで起こる感覚、のイメージがある。この現象、感覚の変化がどのようなメカニズムで発生するのかが研究課題と考えられる。

また雨などで路面がぬれている時は、晴れて乾いた路面の時よりとげとげした微振動が少くなり、乗り心地が良く感じられる。タイヤ面と路面の間で何らかの緩衝効果が発生していると考えられるが、これも研究課題となる。

その他15.3で述べたようにロードノイズはボデー剛性が高い車ほど小さく、その音色変化が少ない傾向があり、ボデー剛性とロードノイズの関係とそのメカニズムの解明も研究課題となる。

19.5　ボデー変形の微視的測定

6.3で説明したスポット溶接数が増加すると走行性能が向上することに対し、ボデーを微視的に考察した場合の研究課題についてである。

現在ロッカーの溶接は図19-2のようにフランジをスポット溶接するのが主流であるが、スポット溶接は点溶接であることと、溶接間隔が小さすぎると溶接の品質を良好に保つための溶接電流制御が難しく、溶接の信頼性を確保するには約30mm以上の間隔が推奨されるため連続溶接にはならない。図19-3のようにロッカーが曲げられた時スポット溶接の間のフランジは左のロッカーは引っぱりなので、図19-4のようにスポット溶接の付近のフランジ鉄板は伸びるだけで変形しないが、図19-3の右のロッカーは圧縮になるので、フランジ鉄板は微視的に図19-5のように開き変形し、圧縮力に対するフランジ開き変形が終了するまで時間がかると考えられる。この変形によりFrボデーに作用する横

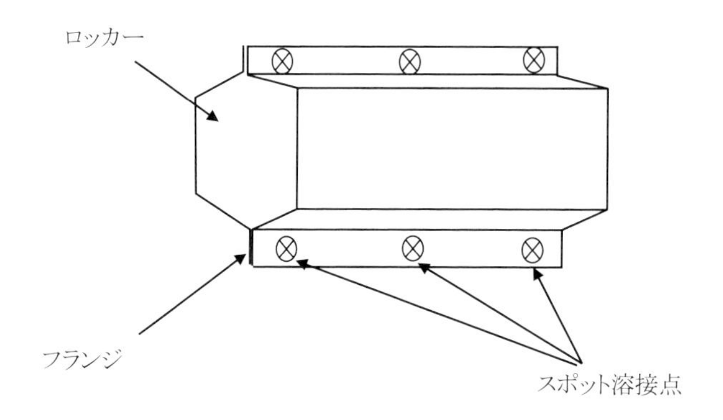

図19−2　ロッカーのフランジのスポット溶接

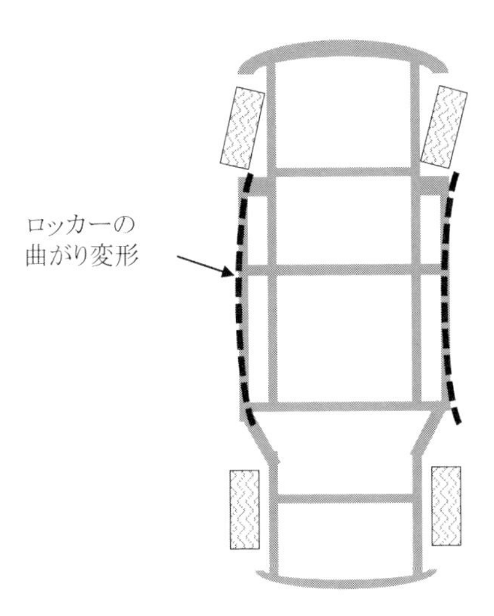

図19–3　ロッカーの曲げ変形

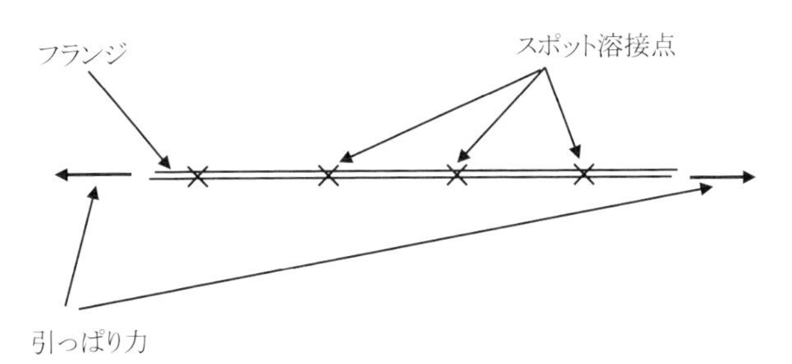

図19–4　引っぱり力が作用したロッカーフランジ

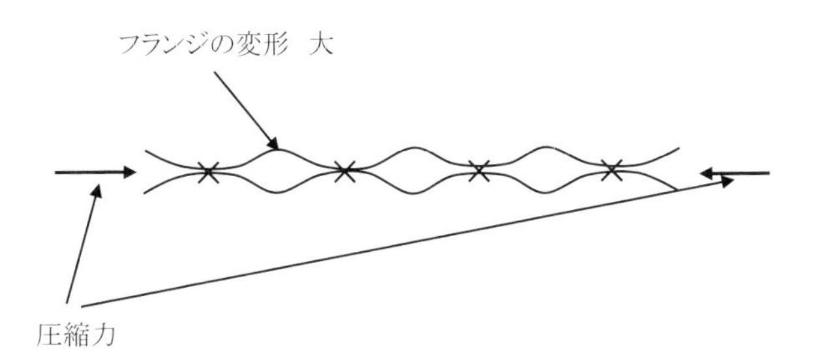

図19–5　圧縮応力が作用したロッカーフランジ変形

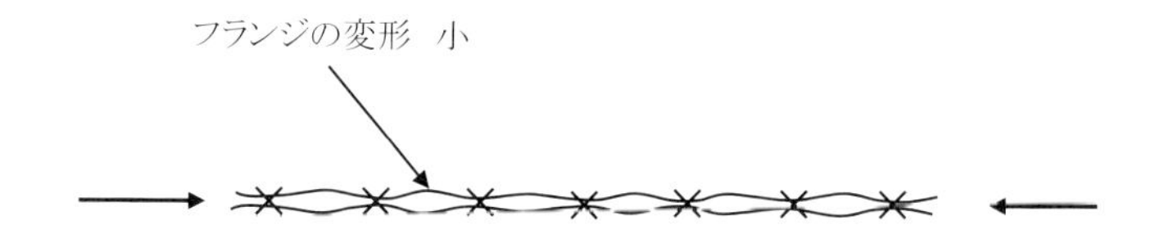

図19−6　スポット溶接点数が多いロッカーフランジ変形

力がRrボデーに伝わる時間が必要であることと、ロッカーの横曲げ剛性が低下したことになる。スポット溶接点数、密度が多いほど図19-6に示すようにフランジの変形が少なくなりロッカー剛性が高くなることと等価になる。この変形量を測定することにより、ボデー剛性や走行性能の向上との相関が明確になれば、今後の走行性能改良、開発の指針になると考えられる。

この変形はロッカーフランジだけでなく、スポット溶接されているボデー全ての溶接フランジ部分について同じことが起こっていることが予測され、測定できればどの部分のスポット溶接数を増加させれば良いかがわかり、開発の効率化につながると考えられる。

第20章
開発体制と今後の自動車の方向

ご紹介した内容は決して難しい話ではなく、簡単に設計して優れた走行性能の車、安全な車をつくることができそうであることがお解りと思う。日本はものづくりに優れていると言われるが、走行性能のものづくりに関しては欧米の方が優れている部分はたくさんある。

自動車の技術は最先端の設計、技術ではなく既存の技術を利用してコストダウンし、いかに安価に大量に造るかの生産技術であるところが大きい。また、教育を受けた技術者の知識は欧州も日本も、多くは変わらないことを考えると、多くの日本の自動車メーカーで走行性能の良い車を開発することができない理由は、組織に問題があると感じる。走行性能の良い車を開発できる日本のメーカーは、ボデー設計部署、車体設計部署より企画部署や実験部署の発言力が強いのではないかと言われている。

開発の原点と原動力は、設計者自身が現在自分の設計している車の性能が、他メーカーの車に対して劣っているのか優れているのかを認識することと、それを正直に自動車メーカー内で公表することにある。自動車の購入者に対する宣伝や広報の販売活動においては自社の車の性能の欠点は公表しにくいが、自動車メーカー内では組織、部署の垣根を取り払い、全員が欠点を共通認識として持ち、改良のモチベーションとするべきである。そのためにはメーカーの設計者や上層部の人達が走行性能の評価能力と技術的な改良能力を養う必要がある。欧州メーカーの会社上層部が自分で常時ステアリングを握り、ドライバーとして運転して走行性能開発の指示をするのに対し、日本メーカーでは走行性能に関心のある上層部が少なく、開発技術指示ができないと言われている。これも性能の違いの原因と考えられる。

走行性能について解析された書籍はたくさんあり、数学的な理論解析が述べられているが、現実の車はその通り設計しても良い走行性能を持ったものはつくれない。日本ではコンピューターシミュレーションにより解析すれば良い設計、車ができるのではないかと時間をかける開発者もいるが、有効な論文が出ておらず、実際製造されている車も欧米車より劣るものが多い結果を考えると、現実に即した工学的な実験理論により開発を行なうことが正道と考えられる。欧米自動車メーカーも実験理論を重視して車を開発して、走行性能の良い車をつくっていると推測する。また知識の詰め込み型の大学教育にも問題があるのかもしれない。日本の大学教育では完成された理論を習得するだけで、独創的な考えでオリジナルなものを創造する訓練がなされていないと感じる。よってコンピューターシミュレーションなどの結果を正しいと信じ込んで開発を行なうようなことが起こっていると考えられる。今後の教育改革に期待される。

また独創的な発想をしてもその採用は企業内では認められず、なかなか開発に結びつかない場合が多いし、採用されるとしてもメーカー上層部の理解が薄いために説得時間が長くなり、スムーズな開発ができない場合もある。

欧州車は新車がラインオフした時に走行性能が十分良くなかったとしても、その後どんどん改良され、モデル末期まで継続して走行性能が向上するのに対し、日本のメーカーはラインオフ後は走行性能の向上は一部を除いて少なく、いわゆる「作りっぱなし」の感じがする。

筆者も車を開発していた時、たとえば図5-49、図5-50のトーションビームの補強プレートを設定しようとすることに対し、1年以上の議論が必要であったことがある。また欧州へ販売している車を高速で走った時に、安定性が悪く危険な車であると感じ図5-45、図5-46のかすがいブレースを提案したが、やはり1年以上の議論がされた結果、採用に至った。走行性能の改良に対する柔軟性が少ないことが日本の自動車メーカーの特徴と感じる。

車の改良のためには設計者が実際に車を運転し、車の好き嫌いの評論ではなく車の良し悪しの本質を感じ取ることが重要である。ドイツなどの外国まで遠征し、サーキットコースでレースのような運転をして、車を改良することを宣伝、広報している日本の自動車メーカーもある。しかし、サーキット走行と一般道路の走行では走り方も異なるので、サーキットで良い走行性能の車が一般道路で良い走行性能であるわけではない。まず自動車メーカーのテストコースや一般道路で良い車を開発することが基本で、「改良して、試乗して」を繰り返し行ない、地道な研究開発が必要と思う。逆に一般道路で走行性能の良い車はサーキット走行でも走行性能が良いことは一般的で、サーキットの走行は車の性能の最終チェックと考えた方が良い。

欧州メーカーのようにサーキットコースで本当に走行性能を改良するには、レーシングスーツを着て運転技術を磨くのではなく、作業服を着て実際に車を改造しながら設計諸元を自ら決めていくような知識と行動力を持つことが重要である。

走行性能の開発は前述のように客観的な評価方法がないため、他人に評価してもらった意見を鵜呑みにして設計するのではなく、設計者自身が試乗して車の性能や特性を感じ、それを工学的に頭の中で翻訳し理解して、自分の手で改造し、その改良結果が正しかったかどうかフィードバックする。それを繰り返すことが必要である。

自動車の技術は最先端技術とは言い難いが、走行性能に関しては、まだまだ研究開発する余地が十分にある、奥の深いものだと感じる。

筆者は自分自身で車を改造してボデー剛性を変化させ、車の評価を何度も行なったが、その走行性能は生き物のように変化し、その変わりように驚いたり感激したものである。自動車を開発する技術者の方々には、そのような感激を経験して、改良の情熱を持ってもらい、改良の起動力として欲しいものである。

性能の良い車は、人に指示をして設計を行なえば、自動的にできるものではなく、人間が自分自身で創造するものだと思う。

モータージャーナリストやレーサーなどの意見を参考にすることも重要である。自動車メーカーの上層部にはモータージャーナリストを軽んじる人達がいるが、重要意見を見逃している場合が多い。自動車メーカーの開発者は競合車の性能評価を行なうが、それは限られた種類であり、モータージャーナリストの試乗する車の種類にははるかに及ばない。またレーサーは小学生や中学生の頃からカートをはじめ長年走行性能に対する感性を磨き上げてレースをしているので、自動車メーカーの開発者より車の性能に対する感受性は優れている。開発者は自分の担当した車を批判されると面白くないかもしれないが、様々な意見に耳を傾ける必要がある。逆にモータージャーナリストやレーサーは車の設計方法や製造方法については自動車メーカーの設計者には及ばないわけで、両者協力しながら開発をしていくことが重要である。筆者もスポーティーカーを開発していた時、レーサーに随分車の本質を教えてもらい、この著書の土台となっており深く感謝している。

自動車が衝突した場合の乗員の生存性について考えると、重い車に乗っていた方が衝撃の加速度が小さくなるので生存率が高く安全と言える。もちろんどんな車と衝突するかによるが、乗用車がいくら大きくて重くても大きなトラックと衝突すれば安全性が高いとは言えない。乗用車同士なら大きく重い車に乗っていた方が安全であるが、大きく重い車は高価であったり、燃費が悪いため、経済的にも環境論的にも多くの人が利用する訳にもいかない。将来石油などの化石燃料が渇枯するとどのような車に移行するかを考えると、採算性の悪いハイブリッド車は価格上昇の可能性があり過度期の車と考えられるし、燃料電池車は量産性が悪いことや材料費の低減が見込めず、将来もコスト低減が期待されないため高価であること、燃料の水素は化石燃料を分解して使わざるを得ないこと、などを考えると将来性は不明確で、最終的には小さく軽量なガソリンエンジン車、ディーゼルエンジン車、電気自動車に移行することになると考えられる。

余談ではあるがハイブリッド車の開発のルーツは電気自動車である。電気部品は大量生産をしないとコストメリットが少なく、自動車の生産台数ではコストダウンが難しいため車が高価になる。

電気自動車のコストダウンを行なうためモーターや電池を小型化すると出力が低下するので、それをガソリンエンジンで出力の不足分を補おうとしたことがハイブリッド車の初期のコンセプトである。現在はガソリンエンジンをモーターで補助しているコンセプトになっているが、始めの発想は逆であった。電気自動車は1回の充電の実走行距離が短いことが欠点で解決する必要があるが、ハイブリッド車はもとのコンセプトである電気自動車に戻る可能性もある。

どんなエネルギーの車になっても地球上の将来のエネルギー事情を考慮すると小型車になることは必須で、小さな車の安全性を確保しようとするとやはり衝突しないことが重要である。注意力が散漫にならない疲れない車であったり、緊急時に衝突回避性能の良い車が必要になり、走行性能が優れてストレスや振動が少なく疲れない車が必須となる。

前述したように自動車は最先端技術ではなく、最近では新興の中国やインドなどにも自動車メーカーが発足し生産販売を始めている。日本の将来を考えると、大量生産で安価な車を製造し販売することは、これらの国々にはかなわなくなるのでは、と考えられる。特に車が小型化すると販売価格が安価なため、収益を大型車に頼っていた日本の自動車メーカーは収益性が悪化する。小型でも高価で販売できるようなプレミアムな車の開発製造が必須になると考えられる。そういう背景からも車の本質である走行性能と安全性能の高い車を開発することが重要である。

おわりに

走行性能を中心に多岐にわたる車の技術に関して、ボデー構造や実験による解析を行ない、特に車の乗員の感覚と関係付け、自動車の走りのメカニズムについてご紹介した。欧州車の走行性能は日本車と比べて優れている車が多く、運転していても疲労が少なく気持ちの良いステアリングフィール、上質な乗り心地を持ち、価値の高い車と言える。筆者の同僚である走行性能を開発する技術者の中には欧州車に憧れ、自社の車以外に欧州車を保有している者も多くいる。筆者は決して欧州車の信奉者でも欧州車の宣伝広報をするつもりでもなく、日本車の技術を向上し走行性能が欧州車を追い越せるような車創りの参考にならないか、ひいては疲労の少ない本当に安全な車を開発してもらえないかと思い書き上げたのが本書の主な狙いであった。

2016年に本書が発刊され、その後様々な方々から御意見をいただいた。大学の自動車部で説明を行ない走行性能改良について意見交換をしたり、ラリー車の性能向上のために電話で本書の内容についてお問い合わせをいただき、さらに詳細なノウハウについて説明させていただいたこともある。また、外国車を販売する自動車販売店の方から依頼され講演をさせていただいたこともある。そんな意見交換をするうちに、もっと広い範囲の方々に読んでいただける本ではないかと思い始めるようになった。自動車を開発する人はもちろんであるが、レース車の改造を行う人、車の説明を行う販売店スタッフの方、これから車を購入しようとしている一般のユーザーの方などにも一つの知識として読んでいただく参考書になり得ると思うようになった。

ラリーなどのレース車の走行性能を向上するための部品、例えば専用のサスペンションなどは高額だが、その代わりに安価なボデーの剛性改造による走行性能向上で補える場合もあるし、専用部品の性能をフルに引き出してレースに勝つための走行性能をさらに向上することも可能である。

商品を選ぶときには限られた予算の中で優れたもの、価値のあるものを選ぶと思う。例えばパソコンで言えばシステムの立ち上がりや検索速度が早くストレスが少ないもの、ステレオで言えば音質に優れ音楽に感動できるものなどである。自動車は高額な耐久消費財であり、多くの人は人生において限られた台数の自動車しか乗ることはできない。そのような限られた数の自動車をユーザーが購入しようとするとき、感覚に訴える上質な乗り心地やステアリングフィールなどの走行性能の高級感を考慮に入れて選択することは人生を豊かにする上で得策だと思う。

近年、日本車の価格が急に高くなりラグジュアリーカーなどは欧州車とほとんど変わらない。一般的には欧州車の方が随分走行性能が良く、筆者にしてみれば、なぜ日本でもっと欧州車の販売台数が伸びないのか不思議でならない。その一つに走行性能の良さを販売店のスタッフの方がユーザーの方に説明しきれていないのではないだろうか。

このような様々な場合において本書の内容を思い出していただき、レース車の改造、価値の高い走行性能の自動車の購入、自動車の販売促進、などに活用していただけたら幸いである。

この本の内容は筆者の経験による車の改良に対する考え方をまとめたもので、実際に量産車で採用されている既存の技術とその推測理論を集約したものである。最初は一般の方々に読まれる新書本を目指して書き始めたもので内容は簡素なものであったが、その後グランプリ出版の山田国光氏、小林謙一氏、木南ゆかり氏にお会いし内容の拡充、図や写真の追加、文体の変更などのご指導をいた。その結果内容が充実したものになり、その助言なくしては本書をまとめることはできなかったと思う。心からお礼を申し上げたい。

堀 重之

〈著者紹介〉

堀 重之（ほり・しげゆき）

1953年岐阜県大垣市生まれ。東京大学大学院工学系研究科舶用機械工学博士課程修了。工学博士。

1980年トヨタ自動車工業株式会社入社。対米カローラ小型エンジンの開発。東富士研究所でセラミックエンジン、エンジン冷却系、メタンールエンジンの研究開発。脱自動車製品の研究。1991年車両の製品企画部で車両の開発を推進。アシスタントチーフエンジニアとしてコロナ、アベンシス、コロナプレミオ、カリーナ、台湾コロナを担当。以後、2013年退社まで、一貫して車両の走行性能の研究開発を行なう。

1997年から開発責任者であるアシスタントチーフエンジニア、チーフエンジニアとして、オーパ、プレミオ、アリオン、カルディナ、サイオンtCを担当。2004年からエクゼクティブチーフエンジニアとしてとしてプリウス、アベンシス、セリカ、MR-S、アルディオ、ビスタ、プレミオ、アリオンを担当。さらに次期大衆スポーツカー（スープラ後継車）の研究開発に携わる。2005年より走行性能の人間の感覚に関する共同研究、各種研究を行なう。本書の第6章の参考文献(1)～(6)を共同で執筆。2007年よりEQ推進部（車両の原価集計部署）でレクサスLFA、米国カムリの原価企画を担当。2010年スポーツ車両統括部でGスポーツプリウス、Gスポーツヴィッツの製品企画を担当。2011年燃料電池開発部で次期燃料電池車の車両企画実施。2013年退社。

自動車の走行性能と構造

開発者が語るチューニングの基礎

著　者	**堀 重之**
発行者	**山田国光**
発行所	**株式会社グランプリ出版** 〒101-0051　東京都千代田区神田神保町1-32 電話 03-3295-0005(代)　FAX 03-3291-4418 振替 00160-2-14691
印刷・製本	モリモト印刷株式会社